高等学校理工科化学化工类规划教材

GAOFENZI HUAXUE SHIYAN

高分子化学实验

赵立群 于智 杨凤 主编

大连理工大学出版社
Dalian University of Technology Press

图书在版编目(CIP)数据

高分子化学实验 / 赵立群，于智，杨凤主编. —大连：大连理工大学出版社，2010.9(2016.9 重印)
ISBN 978-7-5611-5817-3

Ⅰ.①高… Ⅱ.①赵… ②于… ③杨… Ⅲ.①高分子化学—化学实验—高等学校—教材 Ⅳ.①O63-33

中国版本图书馆 CIP 数据核字(2010)第 191340 号

大连理工大学出版社出版
地址：大连市软件园路 80 号 邮政编码：116023
发行：0411-84708842 邮购：0411-84708943 传真：0411-84701466
E-mail：dutp@dutp.cn URL：http://www.dutp.cn
大连美跃彩色印刷有限公司印刷 大连理工大学出版社发行

幅面尺寸：185mm×260mm 印张：5.5 字数：124 千字
2010 年 9 月第 1 版 2016 年 9 月第 3 次印刷

责任编辑：刘新彦 于建辉 责任校对：碧 海
封面设计：冀贵收

ISBN 978-7-5611-5817-3 定 价：14.00 元

前 言

高分子科学作为一门实验科学,需要进行大量的实验去了解高分子的奥秘,验证有关理论的真实性并在实验室中开始进行实用性产品的研发。高分子化学实验是针对高分子化学理论课内容的巩固、验证和应用,是高分子材料专业及其他相关专业教学中非常重要的实践环节,在培养本科学生科研的思维方法、工作态度和动手能力等方面具有重要意义和作用。高分子化学实验课要求学生在掌握基本理论和基本实验操作的前提下,在实验室内进行有关聚合物的合成与聚合物的化学反应和综合实验设计,并开展部分绿色聚合反应、微型化聚合实验和聚合物产品的中试生产模拟,不仅使学生掌握合成方法和合成技术,也灌输学生环保和工程的概念。根据教学大纲要求,结合部分普通工科高校的实际情况,我们编写这本高分子化学实验教材,希望能够对高分子化学实验课程的指导教师、上课学生以及其他相关人员有所帮助。

在本书的编写过程中,特别注重实验内容的优化组合,参考了许多高分子化学实验的教科书,并查阅了许多科研论文,开设了 17 个具有代表性的实验,并对其中部分实验进行了综合实验设计,力求注重学生实验技能的培养,使不同实验具有一定的连贯性,如在“自由基聚合”中进行乙酸乙烯酯的聚合,在“高分子化学反应”中进行聚乙烯醇缩甲醛的制备,每一步实验辅以相应的分析测试,还增加一些新聚合反应、聚合方法和新材料制备的实验以及结构和性能测定的内容。

本教材分为四部分:第 1 章介绍高分子化学实验课程,包括实验室安全规范及学习要求;第 2 章介绍实验基础,包括理论基础和基本操作;第 3 章共设 17 个实验,包括自由基聚合的四大合成方法,缩聚反应和聚合物化学反应以及功能高分子材料的制备等内容;附录中列出一些单体、聚合物和其他常用的数据。

本书的前言由赵立群编写,第 1 章、第 2 章及第 3 章由于智、杨凤、赵立群、谷亚新和徐军共同编写。全书由赵立群主编,于智审核。

由于编者水平有限,书中错误和不妥之处在所难免,恳请读者不吝指正。您有任何意见或建议,请通过以下方式与我们联系:

邮箱　jcjf@dutp.cn

电话　0411-84707962　84708947

编　者

2010 年 9 月

目　录

第1章 绪 论

1.1 开设课程的意义

高分子化学实验是在学习高分子化学理论的基础上开设的一门重要实验课程。通过高分子化学实验,可以获得许多感性认识,加深对高分子化学基础知识和基本原理的理解;通过高分子化学实验课程的学习,能够熟练和规范地进行高分子化学实验的基本操作,掌握实验技术和基本技能,了解高分子化学中采用的特殊实验技术,使学生牢固地掌握高分子合成的理论知识,是理论联系实际的最有效的方法。

高分子化学实验能够进一步培养和锻炼学生的实验能力和操作技能。通过实验,可以锻炼和培养学生分析问题和解决问题的能力,并能为以后的科学研究工作打下坚实的实验基础。在高分子化学实验中,不但要掌握实验的知识基础和基本操作技能,严谨务实的实验态度、存疑求真的科学品德和团结合作的工作风格也是必不可少的。

因此,开设高分子化学实验课程的意义是在传授高分子化学的知识和实验方法的同时,进一步训练学生科学研究的思维和方法、培养学生的科学品德和科学精神。

1.2 实验室安全规范

在高分子化学实验中,安全是第一位的。进入高分子化学实验室首先要了解实验室的安全规范。尽管多数聚合物无毒,但是合成这些聚合物所用的单体、溶剂以及这些聚合物的分解产物常常是有毒的;同时在高分子化学实验中,经常使用易燃、有毒等危险试剂,为了防止事故的发生,必须严格遵守下列规范。

(1)实验之前,应提前做好预习,熟悉相关仪器和设备的使用,实验过程中严格遵守操作规范。

(2)了解所用化学试剂的物性和毒性,正确使用和防护。使用时看好标签,严禁将试剂混合或挪作他用。使用后盛装容器都必须上盖密封,防止污染环境,防止中毒。

(3)实验室内未经允许,不得动用明火,严禁吸烟。

(4)蒸馏易燃、易爆液体时,必须注意塞子不能漏气,同时保持接液管出气口通畅。减压蒸馏时要戴防护眼镜,以防爆炸。

(5)使用水浴、油浴或加热套等进行加热操作时,不能随意离开实验岗位;进行回流和蒸馏操作时,冷凝水不能开得太大,以免水流冲破橡皮管或冲开接口。

(6)易燃、易爆、剧毒的试剂,要有专人负责,在专门地方保管,不得随意存放。取用和称量需遵从相关规定。禁止用手直接取剧毒、腐蚀性和其他危险药品,必须使用橡胶手套。严禁用嘴尝一切化学试剂和嗅闻有毒气体。在进行有刺激性、有毒气体或其他危险实验时,必须在通风橱中进行。

(7)实验产生的废液、废料等要放在指定的容器内,不得随意乱倒,严禁将有机废液倒入下水道或厕所。

(8)实验完毕,应立即切断电源,关紧水阀。离开实验室时,关好门窗,关闭总电闸,以免发生事故。

(9)如果发生火灾,须保持镇静,立即切断电源,移去易燃物,同时采取正确的灭火方法将火扑灭。切忌用水灭火。

1.3 学习要求

高分子化学实验课程的学习是在教师的指导下,以学生为主,考查学生实验动手能力和基本操作技能的一门实验课程。在整个实验过程中,要求实验人员必须了解以下几个方面的实验要求。

1. 预习

无论是现在做普通实验还是以后从事科学研究,在进行一项高分子化学实验之前,首先要对整个实验过程有所了解,对于新的高分子合成化学反应更要有充分的准备。要带着问题做实验预习,如为什么要做这个实验?怎样顺利完成这个实验?做这个实验得到什么收获?预习过程要做到看(实验教材和相关资料)、查(重要数据)、问(提出疑问)和写(预习报告和注意事项)。学生应事先预习所做实验内容,并准备实验记录本(专用)一册。通过预习需要了解以下方面的内容:

(1)实验目的和要求;

(2)实验所涉及的基础知识、实验原理;

(3)实验的具体过程;

(4)实验所需要的化学试剂、实验仪器和设备以及实验操作;

(5)实验过程中可能会出现的问题和解决方法。

2. 操作

高分子化学实验一般需要很长时间,实验过程中应思想集中,认真操作;仔细观察,做好记录;坚守岗位,有事请假;发现问题,及时报告。如果实验为多人一组,应适时调整轮换,以使人人都有锻炼机会。整个实验过程必须按操作规程进行,具体应做到以下几点:

(1)认真听实验指导教师的讲解,进一步明确实验进行过程、操作要点和注意事项。

(2)搭置实验装置、加入化学试剂和调节实验条件,按照拟定的步骤进行实验,既要细心又要大胆操作,如实记录化学试剂的加入量和实验条件。

(3)认真观察实验过程发生的现象,获得实验必需的数据(如反应时间、馏分的沸点等),并如实记录到实验报告上。

(4)实验过程中应该勤于思考,认真分析实验现象和相关数据,并与理论结果相比较。

遇到疑难问题，及时向实验指导教师和他人请教；发现实验结果与理论不符，仔细查阅实验记录，分析原因。

(5)实验结束后，拆除实验装置，清理实验台面，清洗玻璃仪器和处置废弃化学试剂。切断水源、电源(总闸、分闸)，做好卫生值日，关好门窗和照明灯，实验记录经指导教师检查、签字后方可离开。课后认真写好实验报告，并在下次实验时交给指导教师。

3. 实验仪器使用规则

(1)实验仪器由个人保管，遗失或损坏要报告指导教师并补领，按学校有关规定填写报告单，并按规定赔偿。

(2)公用仪器、设备不能随意移动，要按顺序使用，填写使用记录。

(3)实验室的仪器、设备不能拿出实验室或他用。

4. 药品使用规则

(1)称量时要遵守操作规程，使用称量器具应填写使用记录。

(2)试剂药品用量应按实验规程称取，不得随意散失、遗弃。

(3)回收的试剂药品不能与原装试剂药品掺混。

5. 实验报告要求

做完实验后，需要整理实验记录和数据，把实验中的感性认识转化为理性知识，做到：

(1)根据理论知识分析和解释实验现象，对实验数据进行必要处理，得出实验结论，完成实验思考题。

(2)将实验结果和理论预测进行比较，分析出现的特殊现象，提出自己的见解和对实验的改进。

(3)独立完成实验报告，实验报告应字迹工整、叙述简明扼要、结论清楚明了。完整的实验报告包括：实验题目、实验目的、实验原理(自己的理解)、实验记录、数据处理、结果和讨论。

实验报告的格式内容：

除了在实验前认真预习、准备，在实验中认真操作每一个步骤、每一个过程，最终得到满意的结果外，认真完成实验报告必不可少，否则达不到实验的目的和要求，如果是研究开发性实验，则对实验的认真总结分析更为重要。因此应当强调实验报告的完整性(报告内容的完整性)、准确性(实验产物得率的准确性)、条理性(报告层次条理清晰)。通常高分子合成实验报告应当包括以下内容：

(1)实验报告封面内容：实验名称、班级、姓名、学号、同实验者、实验时间、地点等。

(2)实验报告内容

实验目的：通过实验应学习和掌握的有关知识。

实验原理：实验基本理论、合成原理。

实验反应方程式：主反应、副反应方程式。

实验原料：名称、状态、规格、纯度、用量。

实验仪器器皿：名称、规格、数量。

实验辅助材料和工具：名称、规格、数量。

实验示图：主要装置示意图。

实验反应流程：实验反应工艺流程，包括原料、催化剂、引发剂、各种助剂、主产物、副产物;反应温度、时间、压力、减压、真空、分离、过滤、萃取、洗涤、乳化、搅拌等。

实验现象记录:实验过程中发生的各种现象,如悬浮、乳化、溶解、降解、沸腾、汽化、回流、混浊、分层、成粒、成团、起糊、变稠、变稀、增黏等现象。

实验结果:产物的质量、体积、状态、形状、黏度、色泽、嗅味等。

实验分析:理论结合实践对实验结果的成败、优劣进行分析,或对操作过程进行分析,分析存在问题,提出改进意见,对实验的各方面的体会。

实验思考题:理论结合实践回答问题,验证公式结果,举一反三回答相关问题等。

1.4 预习及实验报告样本

高分子化学实验报告

实验课名称					
实验项目					
实验人		学号		班级	
同组人		实验日期		实验地点	
指导教师		成绩			
预习部分					
实验名称					

1. 相关理论知识

2. 预期实验目标

3. 实验方案设计

(1)实验操作过程简图

(2)实验所需原料与用量

(3)实验所需仪器设备

(4)实验合成与测试方法原理

4. 实验难点、解决方案

5. 实验注意事项

6. 其他

7. 参考文献

<table>
<tr><td colspan="7">实验现象及原始实验数据记录</td></tr>
<tr><td rowspan="2">实验
日期</td><td rowspan="2">年 月 日</td><td>天气情况</td><td></td><td>室温/℃</td><td colspan="2"></td></tr>
<tr><td>大气压/kPa</td><td></td><td>湿度</td><td colspan="2"></td></tr>
<tr><td>时间</td><td>实验操作</td><td colspan="3">实验现象</td><td colspan="2">备注</td></tr>
<tr><td></td><td></td><td colspan="3"></td><td colspan="2"></td></tr>
<tr><td colspan="7">指导教师签字(本数据无指导教师签字无效):</td></tr>
<tr><td colspan="7">实验结果与讨论</td></tr>
<tr><td colspan="7">1.实验的目的与意义

2.实验数据处理

3.实验结果讨论

4.实验结论

5.实验小结

6.其他

7.参考文献</td></tr>
<tr><td colspan="7">实验指导教师批语:</td></tr>
</table>

第2章 实验基础

2.1 聚合反应机理及实施方法

1. 聚合反应机理

20世纪50年代，Flory根据聚合反应的机理和动力学，将聚合反应分为连锁聚合和逐步聚合两大类。这两类聚合反应的转化率和聚合物的相对分子质量随时间的变化均有很大差别。

(1)连锁聚合

连锁聚合的特点是单体转变成聚合物的反应是以连锁方式进行的，单体开始聚合需要一个必要的起始条件即聚合反应活性中心的产生。按照引发单体进行聚合反应活性中心的不同，连锁聚合可以分为自由基型聚合反应和离子型聚合反应两大类。离子型聚合反应可以再分为阴离子聚合反应、阳离子聚合反应和配位聚合反应等。形成一个高分子的反应实际上是在大约一秒钟而且往往是更短的时间内完成的，反应过程中，反应体系始终由单体、高相对分子质量聚合物和微量引发剂组成，没有相对分子质量递增的中间产物。

①自由基聚合

自由基聚合的反应活性中心一般为由引发剂分解产生的具有孤电子的自由基，属于典型的连锁聚合机理，具有慢引发、快增长、速终止的特点。自由基聚合的单体一般为具有吸电子取代基或共轭取代基的乙烯类化合物，如氯乙烯、苯乙烯、醋酸乙烯酯、甲基丙烯酸甲酯、丙烯酸酯类、丙烯腈、丁二烯、异戊二烯等。引发剂包括具有 —N═N— 的偶氮类化合物，如偶氮二异丁腈、偶氮二异庚腈等；过氧类化合物，如过氧化二苯甲酰、过硫酸铵、过硫酸钾等，还有氧化还原引发体系等。

自由基聚合物的产量约占世界上的塑料、合成纤维、合成橡胶总产量的60%，约占热塑性树脂的80%，在科学研究和工业生产中得到了广泛的应用。很多通用的聚合物材料都是通过自由基聚合获得的，如作为塑料使用的高压聚乙烯、聚氯乙烯、聚苯乙烯、聚醋酸乙烯、聚甲基丙烯酸甲酯和其他聚丙烯酸酯类、聚四氟乙烯和其他氟树脂等，有人造羊毛之称的聚丙烯腈(腈纶)以及重要的合成橡胶品种丁苯橡胶、丁腈橡胶、氯丁橡胶等。

②阴离子聚合

阴离子聚合是以带负电荷的离子或离子对为活性中心的一类连锁聚合反应。其活性中心一般为亲核试剂提供，可以是自由离子、紧密或松散离子对以及缔合状态等形式的阴离子。阴离子聚合具有快引发、慢增长、无终止的特点(可采用加入极性物质终止)。阴离子聚合的单体一般为具有较强吸电子取代基同时具有 π-π 共轭体系的烯类化合物、羰基化合物以及含氧或氮的杂环化合物，如苯乙烯、丙烯酸酯类、甲基丙烯酸甲酯、丙烯腈、丁二烯、异戊二烯、甲醛、环氧烷类、已内酰胺等。阴离子聚合引发剂是电子给体、亲核试剂，属于碱类。碱金属、有机金属化合物、某些亲核试剂以及阴离子都可以作为阴离子聚合的反应活性中心，如萘钠、金属烷基化合物、金属氨基化合物、格利雅试剂等。对非极性的共轭烯烃，在特定的条件下，可进行无终止的"活性"阴离子聚合，形成"活"的聚合物，并可作为阴离子聚合的引发剂。

阴离子聚合多采用溶液聚合，可选择的溶剂为烷烃、芳烃，如正已烷、环已烷、苯等。由于微量的极性杂质即可终止阴离子活性中心，所以，阴离子聚合在实际应用中对实验技术或生产操作都有非常严格的要求。其工业应用的成功范例是热塑弹性体苯乙烯-丁二烯(SB)和苯乙烯-丁二烯-苯乙烯(SBS)的生产。

③阳离子聚合

阳离子聚合是指链增长活性中心是阳离子的聚合反应。其活性中心一般为亲电试剂提供，可以是碳阳离子或氧翁离子。阳离子聚合的特点是快引发、快增长、易转移、难终止。阳离子聚合的单体为具有推电子取代基并能够形成具有一定稳定性的碳阳离子的乙烯类化合物、羰基化合物和含氧杂环化合物，如异丁烯、烷基乙烯基醚、苯乙烯、α-甲基苯乙烯、丁二烯、异戊二烯、甲醛、环氧烷类等。阳离子聚合的引发剂为亲电试剂，有质子酸，如硫酸、磷酸、高氯酸、三氯代乙酸等酸根亲核性不强的强酸和 Lewis 酸等。

阳离子聚合多采用溶液聚合，溶剂一般为极性溶剂，如卤代烷烃等。由于反应活化能低，链转移严重，为此阳离子聚合多采用低温聚合，以得到高相对分子质量的聚合物。其工业应用的成功范例是聚异丁烯橡胶和丁基橡胶(异丁烯和少量异戊二烯共聚物)的合成。

④配位聚合

配位聚合是指烯类单体的碳碳双键与催化剂活性中心的过渡元素原子的空轨道配位，形成某种形式的配位化合物，然后发生移位使单体插入到金属-碳键之间增长的一类聚合反应。配位聚合最重要的是其催化体系，一般为 Ziegler-Natta 催化剂，主要特点是可合成出立构规整聚合物。

在实际应用中，配位聚合与离子型聚合有许多相似之处，如要求体系密闭、去除空气和水、原料需要精制、反应需在氮气保护下进行等。这是由于 Ziegler-Natta 催化剂易与空气和水发生副反应而失活。

目前配位聚合反应已成为生产立体规整性聚 α-烯烃、聚双烯烃的重要聚合反应，如高密度聚乙烯、线形低密度聚乙烯、等规聚丙烯、间规聚苯乙烯等合成树脂与塑料以及顺 1,4-聚丁二烯、顺 1,4-聚异戊二烯、乙丙共聚物等合成橡胶的生产。

⑤开环聚合

环状单体开环而后聚合成线形聚合物的反应称开环聚合。主要单体有环醚、环缩醛、环酯(内酯)、环酰胺(内酰胺)、环硅氧烷等。

开环聚合具有某些加成聚合的特征：由环状单体开环聚合得到的聚合物，其重复单元与环状单体开裂时的结构相同，聚合物与单体的元素组成相同，这与加成聚合相似；同时也具有某些缩合聚合的特征：聚合物主链上往往含有醚键、酯键、酰胺键等，与缩聚反应得到的聚合物常具有相同的结构，只是无小分子放出。在聚合过程中，聚合物的平均相对分子质量随聚合的进行而增长，与缩聚物相似。

开环聚合与缩聚反应相比，还具有聚合条件温和、能够自动保持官能团等物质的量等特点，因此开环聚合所得聚合物的平均相对分子质量通常要比缩聚物高得多；此外，开环聚合可供选择的单体比缩聚反应少，加上有些环状单体合成困难，因此由开环聚合所得到的聚合物品种受到限制。工业上已经生产的有聚己内酰胺、聚氧化乙烯、聚甲醛等。

(2)逐步聚合

逐步聚合通常是由单体所带的两种不同官能团之间发生化学反应而进行的。与连锁聚合相比，逐步聚合的一般特征为：逐步聚合每一步的反应速率和活化能大致相同，反应体系始终由单体和相对分子质量递增的一系列中间产物组成，单体和中间产物以及任何中间产物两分子间都能发生反应，聚合产物的相对分子质量是逐步增大的。

逐步聚合可以分为缩聚反应和逐步加成聚合反应两大类。

①缩聚反应

缩聚反应是指带有两个或两个以上官能团的单体之间连续、重复进行的缩合反应，即缩掉小分子而进行的聚合。聚酰胺、聚酯、聚碳酸酯、有机硅树脂、醇酸树脂等都是重要的缩聚物。聚酰亚胺、梯形聚合物等耐高温聚合物也由缩聚而成。

从产物的分子链结构看，缩聚反应可分为线形缩聚反应与体形缩聚反应两大类。

a. 线形缩聚

参加聚合反应的单体都含有两个可相互反应的官能团，反应中形成的大分子向两个方向发展，分子链呈线形增长，最终得到可溶、可熔的线形聚合物，如二元酸与二元醇生成聚酯的反应。

多数线形缩聚反应都是可逆平衡反应。对于平衡常数大的线形缩聚，整个聚合在达到所需相对分子质量时反应还未达平衡，这样的缩聚称为不平衡缩聚；反之称为平衡缩聚。对于平衡缩聚，要先排出小分子使平衡往生成聚合物的方向移动，以得到所需相对分子质量的聚合物；对于不平衡缩聚，产物相对分子质量的控制主要是通过对单体配比的控制来实现。在实际生产中，往往通过让某一种官能团过量的方法，使最终产物分子链端的官能团失去进一步反应的能力，以保证在随后的加工、使用过程中聚合物相对分子质量的稳定。

b. 体形缩聚

参加聚合的单体中至少有一种含有两个以上可反应的官能团，单体的平均官能度大于2，在反应过程中，分子链从多个方向进行增长，在一定条件下能够生成具有空间三维交联结构聚合物的缩聚反应，如丙三醇与邻苯二甲酸酐的反应。

体形缩聚的特点是反应要经过三个阶段，即在反应过程中经过线形到生成支链形，最终形成体形缩聚物三个阶段。另外，在体形缩聚反应中易产生凝胶现象，所以体形缩聚的一个关键是控制反应停止于预聚物，以防止凝胶的生成。

②逐步加成聚合

单体分子通过反复加成，使分子间形成共价键，逐步生成高相对分子质量聚合物的过程，其聚合物形成的同时没有小分子的析出，如聚氨酯的合成。

逐步聚合反应的所有中间产物分子两端都带有可以继续进行缩合反应的官能团，而且都是相对稳定的。当某种单体所含有官能团的物质的量多于另一种单体时，聚合反应就无法再进行下去。

其他逐步聚合反应还有氧化偶联缩聚、加成缩合聚合、分解缩聚、环化缩聚、开环缩聚等。

(3)共聚合

在链式增长聚合反应中，两个或更多个单体的共聚是改变工业聚合物性能的一种有效途径。目前很多高聚物是通过共聚反应完成的。例如丁苯橡胶、丁腈橡胶、乙丙橡胶等。因此把由两种或两种以上不同单体进行加成聚合的反应称为共聚合反应。共聚合这一名称多用于连锁聚合。在逐步聚合中，如尼龙-66 和涤纶树脂的合成，虽采用两种原料，形成的聚合物也有两种单元结构，但不能采用共聚一词。

共聚物的类型按照其组成单体数分为二元共聚物、三元共聚物和多元共聚物。对于二元共聚物，按照两种结构单元在大分子链上排列方式不同可以分为无规共聚物、交替共聚物、嵌段共聚物、接枝共聚物。

通过对共聚合反应的研究，我们可以测定单体、自由基、碳阳离子、碳阴离子的相对活性，进而研究单体结构与反应活性的关系，这在理论研究上有重要意义；通过共聚合反应，可以使有限的单体通过不同的组合得到多种多样的聚合物，满足人们的各种需要。所以，对于共聚合的研究，无论在理论上和实际应用上都具有重要意义。

2. 聚合实施方法及应用

聚合方法是为完成聚合反应而确立的，聚合机理不同，所采用的聚合方法也不同。对于聚合物的合成，首先要研究其反应机理及反应条件，如引发剂、溶剂、温度、压力、反应时间等；其次是确定合成聚合物的聚合方法及原料的精制、产物分离及后处理工序等。聚合方法的研究虽然与聚合反应工程密切相关，但与聚合反应机理亦有很大关联。

(1)连锁聚合的实施方法

连锁聚合采用的聚合方法主要有本体聚合、悬浮聚合、溶液聚合和乳液聚合。每一种方法各有优缺点，究竟采用何种聚合方法，是由单体性质、聚合物用途以及经济因素来决定的。对于自由基聚合反应，由于自由基相对稳定，这四种聚合方法都可以采用；但对于离子型聚合反应，由于聚合催化剂对水都极为敏感，不能采用以水为介质的悬浮聚合和乳液聚合。离子型聚合大多采用溶液聚合或本体聚合。

①本体聚合

本体聚合是指不加其他介质，单体在引发剂或催化剂或热、光、辐射等其他引发方法作用下进行的聚合。

本体聚合体系主要由单体和引发剂或催化剂组成。对于热引发、光引发或高能辐射引发，则体系仅由单体组成。引发剂或催化剂的选用除了从聚合反应本身需要考虑外，还要求与单体有良好的相溶性。由于多数单体是油溶性的，因此多选用油溶性引发剂。如自由基本体聚合可选用 BPO、AIBN 等。

本体聚合按聚合物能否溶解于单体中，可分为两类：均相聚合和非均相聚合。均相聚合是指生成的聚合物可溶解于各自的单体中，如聚苯乙烯、聚甲基丙烯酸甲酯、聚乙酸乙酯等聚合物的生产；非均相聚合又叫沉淀聚合，是指生成的聚合物不溶解于它们的单体，在聚合过程会不断析出，如聚乙烯、聚氯乙烯、聚偏氯乙烯、聚丙烯腈的生产。

本体聚合的优点是体系组成简单，所得聚合产物纯净，可制得透明产品，并可直接制得板状、管状、棒状或其他形状不太复杂的制品。本体聚合由于不需要产物与介质分离及介质回收等后续处理工艺操作，因而聚合装置及工艺流程相应也比其他聚合方法要简单，生产成本低。各种聚合反应几乎都可以采用本体聚合，如自由基聚合、离子型聚合、配位聚合等。缩聚反应也可采用，如固相缩聚、熔融缩聚一般都属于本体聚合。气态、液态和固态单体均可进行本体聚合，其中液态单体的本体聚合最为重要。

本体聚合的缺点往往是由于不加溶剂或分散介质，使聚合体系很黏稠，产生的聚合热不易扩散，反应温度较难控制，易局部过热，反应不均匀，造成聚合物相对分子质量分布较宽，体积收缩较大，聚合过程中自动加速现象明显。在本体聚合中，经常由于工艺控制不当，产品出现气泡、皱纹、裂纹和爆聚等现象。因此控制聚合热和及时地散热是本体聚合中一个重要的、必须解决的工艺问题。由于这一缺点本体聚合的工业应用受到一定的限制，不如悬浮聚合和乳液聚合应用广泛。本体聚合工业生产实例见表 2-1。

表 2-1　　本体聚合工业生产实例

聚合物	引发剂	工艺过程	产品特点与用途
聚甲基丙烯酸甲酯	BPO 或 AIBN	第一阶段预聚到转化率 10%左右的黏稠浆液，浇模升温聚合，高温后处理，脱模成材	光学性能优于无机玻璃，可用作航空玻璃、光导纤维、标牌等
聚苯烯	BPO 或热引发	第一阶段于 80～90 ℃预聚到转化率 30%～35%，流入聚合塔，温度由 160 ℃递增至 225 ℃聚合，最后熔体挤出造粒	电绝缘性好、透明、易染色、易加工。多用于家电与仪表外壳、光学零件、生活日用品等
聚氯乙烯	过氧化乙酰基磺酸	第一阶段预聚到转化率 7%～11%，形成颗粒骨架，第二阶段继续沉淀聚合，最后以粉状出料	具有悬浮树脂的疏松特性，且无皮膜、较纯净
高压聚乙烯	微量氧	管式反应器，180～200 ℃、150～200 MPa 连续聚合，转化率 15%～30%熔体挤出出料	分子链上带有多个小支链，密度低(LDPE)，结晶度低，适于制薄膜
聚丙烯	高效载体配位催化剂	催化剂与单体进行预聚，再进入环式反应器与液态丙烯聚合，转化率 40%出料	比淤浆法投资少 40%～50%

②溶液聚合

溶液聚合是指单体和引发剂或催化剂溶于适当的溶剂中进行的聚合反应。溶液聚合体系主要由单体、引发剂或催化剂和溶剂组成。引发剂或催化剂的选择与本体聚合要求相同。由于体系中有溶剂存在，因此要同时考虑在单体和溶剂中的溶解性。

生成的聚合物能溶于溶剂的叫均相溶液聚合；聚合物不溶于溶剂而析出者，称非均相聚合或沉淀聚合。

与本体聚合相比，溶液聚合的优点是：由于有溶剂作为传热介质，聚合温度容易控制；聚合体系黏度较低，自动加速作用不明显；体系中聚合物浓度低，向大分子链转移生成支化或交联较少，因而产物相对分子质量易控制，相对分子质量分布较窄；反应后物料可以直接使用。

溶液聚合的缺点是由于溶剂的加入降低了单体及引发剂的浓度，致使溶液聚合的反应速率比本体聚合要低，降低了反应装置的利用率；加入溶剂后容易引起诸如诱导分解、链转移之类的副反应，致使聚合物相对分子质量不高；同时溶剂的回收、精制增加了设备及成本，并加大了工艺控制难度。

工业上溶液聚合适于聚合物溶液直接使用的场合，如涂料、黏合剂、浸渍剂、皮革鞣剂、合成纤维纺丝液等。溶液聚合工业生产实例见表 2-2。

表 2-2　　溶液聚合工业生产实例

单体	引发剂或催化剂	溶剂	聚合机理	产物特点与用途
丙烯腈	AIBN	硫氰化钠水溶液	自由基聚合	纺丝液
	氧化还原体系	水	自由基聚合	配制纺丝液
醋酸乙烯酯	AIBN	甲醇	自由基聚合	制备聚乙烯醇、维纶的原料
丙烯酸酯类	BPO	芳烃	自由基聚合	涂料、黏合剂
丁二烯	配位催化剂	正已烷	配位聚合	顺丁橡胶
	BuLi	环已烷	阴离子聚合	低顺式聚丁二烯
异丁烯	BF_3	异丁烷	阳离子聚合	相对分子质量低。用于黏合剂、密封材料

③悬浮聚合

悬浮聚合是指溶解有引发剂的单体以小液滴状悬浮在分散介质水中的聚合反应。体系主要由单体、引发剂、分散剂和分散介质组成。

悬浮聚合的大多数单体不溶于水，必须借机械搅拌作用，将水中单体分散成小液滴。单体中溶有引发剂（油溶性引发剂），一个小液滴就相当于本体聚合的一个单元，因此，悬浮聚合相当于是在单体小液滴内进行的本体聚合。分散介质为水，为避免副反应，一般用去离子水。悬浮聚合分散剂分为水溶性高分子和非水溶性的无机化合物两类，水溶性高分子如聚乙烯醇、明胶、聚丙烯酸和聚甲基丙烯酸的盐类、苯乙烯与马来酸酐共聚物、甲基纤维素、明胶等。水溶性高分子为两亲性结构，亲油的大分子链吸附于单体液滴表面，分子链上的亲水基团靠向水相，这样在单体液滴表面形成了一层保护膜，起着保护液滴的作用。非水溶性无机粉末主要是吸附于液滴表面，起一种机械隔离作用，重要的有碳酸钙、碳酸钡、磷酸钙、滑石粉、硅藻土、硅酸盐等。分散剂种类和用量的确定随聚合物的种类和颗粒要求而定。

悬浮聚合的优点是体系黏度低，散热和温度控制比较容易；产物相对分子质量高于溶液聚合而与本体聚合接近，其相对分子质量分布较本体聚合窄；聚合物纯度高于溶液聚合而稍低于本体聚合，杂质含量比乳液聚合产品中的少；后处理工序比溶液聚合、乳液聚合简单，生产成本较低，粒状树脂可以直接用来加工。

悬浮聚合的缺点是必须使用分散剂，且在聚合完成后，分散剂很难从聚合产物中除去，会影响聚合产物的性能。综合看来，悬浮聚合结合了本体聚合和溶液聚合的优点，缺点较少，因此，在工业上得到广泛应用。悬浮聚合工业生产实例见表 2-3。

表 2-3　　悬浮聚合工业生产实例

单体	引发剂	悬浮剂	分散介质	产物用途
氯乙烯	过碳酸酯-过氧化二月桂酰	羟丙基纤维素-部分水解 PVA	去离子水	各种型材、电绝缘材料、薄膜
苯乙烯	BPO	PVA	去离子水	珠状产品
甲基丙烯酸甲酯	BPO	碱式碳酸镁	去离子水	珠状产品
丙烯酸酯	过硫酸钾	Span-60	庚烷	水处理剂

④乳液聚合

乳液聚合是指单体在搅拌作用下借助乳化剂的作用，在水中分散成乳状液而进行的聚合反应。乳液聚合体系主要由单体、引发剂、乳化剂和分散介质组成。

在乳液聚合中，单体为油溶性单体，一般不溶于水或微溶于水。引发剂为水溶性引发剂，对于氧化还原引发体系，允许引发体系中某一组分为水溶性。分散介质为去离子水，以避免水中的各种杂质干扰引发剂和乳化剂的正常作用。乳化剂是乳液聚合必不可少的重要组分。乳化剂分子是由非极性的烃基和极性基团两部分组成。根据极性基团的性质可将乳化剂分为阴离子型、阳离子型、两性型和非离子型几类。

乳液聚合的优点是以水为介质，体系的黏度低，有利于传热、温度易控制；采用水溶性的氧化还原引发体系，反应可在低温下进行；采用调节乳化剂用量和搅拌效率的方法，可得到聚合速率快而产物相对分子质量又高的反应体系，此特点只有乳液聚合才具有；反应后期体系的黏度还很低，适合制取黏性的聚合物，如丁苯橡胶、丁腈橡胶、聚乙酸乙烯酯等；乳液聚合又适合于制取直接应用乳液的场合，如涂料、黏合剂、浸渍剂等。

乳液聚合的缺点是聚合体系及后处理工艺复杂，需要得到固体聚合物时，乳液需要经破乳、分离、洗涤、干燥等工序，生产成本较悬浮聚合高；产品中的乳化剂难以除净，影响聚合物的电性能。乳液聚合工业生产实例见表 2-4。

表 2-4　乳液聚合工业生产实例

聚合物	引发剂	乳化剂	分散介质	产物用途
聚氯乙烯	过硫酸铵-亚硫酸氢钠	十二醇硫酸钠	去离子水	广泛应用于人造革、装饰材料、地板革、涂料、黏合剂、玩具等诸多材料和制品领域
聚醋酸乙烯酯	过硫酸铵	PVA	去离子水	用于木工、纸张、皮革的黏结及建筑装饰用胶
丁苯橡胶	氧化还原引发体系	脂肪酸皂和歧化松香酸皂	去离子水	汽车轮胎及各种工业橡胶制品
氯丁橡胶	过硫酸钾	松香酸皂或烷基磺酸钠	去离子水	各种橡胶制品，可用于耐油胶管、胶带等

(2)逐步聚合的实施方法

同一种缩聚物，可以从几种化学反应途径得到；同一个缩聚反应也可以用许多方法予以实现。逐步聚合采用的聚合方法主要有熔融缩聚、溶液缩聚、界面缩聚和固相缩聚。这几种方法在实际中都有广泛应用，在应用中可以根据实际情况的不同，综合考虑各种因素，包括反应热力学及动力学参数、反应物配比控制以及对终产物的性能要求等，根据聚合方法各自的特点进行反应设计。

①熔融缩聚

所谓熔融缩聚是指反应温度高于单体和缩聚物的熔点，使物料处于熔融状态下进行的聚合反应。熔融缩聚为均相反应，符合缩聚反应的一般特点，也是应用十分广泛的聚合方法。

熔融缩聚的反应特点是：反应温度高（200～300 ℃），高温下既有利于加快反应速率，又有利于反应生成的低分子副产物的排除。同时要求单体和缩聚物的热稳定性好，凡在高温下容易分解的单体不能采用这种方法进行缩聚；反应一般在惰性气体保护下进行。由于反应温度高，在缩聚反应中经常发生各种副反应，如环化反应、裂解反应、氧化降解、脱羧反应等，通入惰性气体可防止聚合物的氧化降解；对于参加熔融缩聚反应的单体要求严格的摩尔比。对于混缩聚来说，任何一种组分的稍微过量都会使聚合物相对分子质量下降；熔融缩聚反应是可逆平衡反应。在反应后期，常在高真空下进行，采用高真空度有利于排除低相对分子质量产物，获得高相对分子质量的缩聚产物。由于缩聚反应大多数为可逆平衡反应，逆反应的存在使熔融缩聚的相对分子质量一般低于 30 000。

由于熔融缩聚体系相对简单，反应中一般不会引入其他复杂过程，产物分离也比较容易，所以缩聚反应的一般规律也都是在熔融缩聚体系中建立起来的；而在工业中由于该法工艺相对简单，因此也得到广泛应用。熔融缩聚可采用间歇法，也可采用连续法。工业上常规大批量的聚酯、聚酰胺、聚氨酯等的生产都采用熔融缩聚的方法。

②溶液缩聚

单体加催化剂在适当溶剂（包括水）中进行的缩聚反应制备高聚物的过程称为溶液缩聚。随着科学技术的发展，一些新型耐高温聚合物的不断涌现，而这些聚合物的分解温度通常低于其熔点，所以不能采用熔融缩聚法，却需采用溶液缩聚法制取。

溶液缩聚的特点是：反应温度低，副反应少。一般反应温度为 40～100 ℃，有时在 0 ℃以下进行反应也可以获得相对分子质量较高的缩聚产物，但由于反应温度低，需采用高活性单体；溶液缩聚是不平衡缩聚，没有平衡问题不需要真空操作，反应设备简单；由于溶剂的引入，使设备利用率降低；由于溶剂的回收和处理，而使工艺过程复杂化；因此溶液缩聚的应用受到一定限制，不如熔融缩聚应用广泛。

对于溶液缩聚同溶液聚合一样，溶剂的选择至关重要，选择溶剂时需要考虑以下几方面因素：一是溶剂的极性，增加溶剂的极性有利于提高反应速率，增加产物的相对分子质量；二是溶剂化作用，如溶剂与反应物生成稳定的溶剂化产物，会使反应活化能升高，降低反应速率，如与离子型中间体形成稳定溶剂化产物，则可降低反应活化能，提高反应速率。三是副反应，溶剂的引人往往会产生一些副反应，在选择溶剂时要格外注意。

溶液缩聚在工业上应用规模仅次于熔融缩聚，许多性能优良的工程塑料都是采用溶液缩聚法合成的，如聚芳酰亚胺、聚砜、聚苯醚等。对于一些直接使用溶液的产物，如涂料等也采用溶液缩聚。

③界面缩聚

界面缩聚是指在互不相溶、分别溶解有两种单体的溶液的相界面进行的缩聚反应。一般情况下，这类反应的速率常数都相当高，为不可逆缩聚且属于非均相体系。从相态看可分为液-液和气-液界面缩聚；从操作工艺看可分为不进行搅拌的静态界面缩聚和进行搅拌的动态界面缩聚。

界面缩聚的特点是：界面缩聚是一种不可逆缩聚，反应中析出的低相对分子质量化合物溶于某一溶剂相或被溶剂相中某一物质吸收，所以反应速率快，可几秒钟完成，相对分子质量高；界面缩聚为复相反应，需将两单体分别溶于互不相溶的溶剂中；界面缩聚反应温度低，由于只在两相的交界处发生反应，因此要求单体有高的反应活性，由于采用高反应活性的单体，聚合物在界面上迅速生成，其相对分子质量与反应程度关系不大；对单体纯度和当量配比要求不严。缩聚物的相对分子质量主要与界面处的单体浓度有关。

由于要采用高反应活性单体，又要消耗大量溶剂，设备利用率低。尽管界面缩聚有许多优点但工业上实际应用少。目前界面缩聚已广泛用于实验室及小规模合成聚酰胺、聚砜、含磷缩聚物和其他耐高温缩聚物，在工业上还未普遍采用。

④固相缩聚

固相缩聚是指在原料（单体及聚合物）熔点或软化点以下进行的缩聚反应。固相缩聚往往作为一种辅助手段用于进一步提高熔融缩聚聚合物的相对分子质量，一般不可能单独用来进行以单体为原料的缩聚反应。

固相缩聚的特点是:反应速率比熔融缩聚小得多,表观活化能大,往往需要几十小时反应才能完成;由于为非均相反应,固相缩聚时扩散控制过程,缩聚过程中单体由一个晶相扩散到另一个晶相;固相缩聚一般有明显的自催化作用,反应速率随时间的延长而增加,到最后由于官能团浓度很小,反应速率才迅速下降。固相缩聚是在固相化学反应的基础上发展起来的。它可制得高相对分子质量、高纯度的聚合物,特别是在制备高熔点缩聚物、无机缩聚物及熔点以上容易分解的单体的缩聚(无法采用熔融缩聚)有着其他方法无法比拟的优点。

固相缩聚的应用实例:相对分子质量在 30 000 以上的涤纶(用于降落伞)。固相缩聚在理论上和实践上都有重要意义,目前有许多问题尚处于研究阶段。

进行高分子化学实验,应根据反应选择合适类型和大小的反应器,根据反应的要求选择其他的玻璃仪器,并使用辅助器具安装实验装置,将不同仪器良好、稳固地连接起来。高分子化学实验常常在加热、搅拌和通惰性气体的条件下进行,单体和溶剂的精制离不开蒸馏操作,有时还需要减压操作。下面介绍高分子化学实验的基本实验操作。

2.2 常用玻璃仪器及其洗涤和干燥

1. 常用玻璃仪器简介

绝大部分高分子化学反应是在搅拌、回流和通惰性气体的条件下进行的,有时还需进行温度控制(使用温度计和控温设备)、加入液体反应物(使用滴液漏斗)和反应过程监测(添加取样装置),因此反应多在多口反应瓶中进行。高分子化学实验中多用三口烧瓶和四口烧瓶,容量大小根据反应液的体积决定,烧瓶的容量一般为反应液总体积的 1.5～3 倍。

进行聚合反应动力学研究时,特别是本体自由基反应,膨胀计是非常合适的反应器,如图 2-1 所示。它是由反应容器和标有刻度的毛细管组成,膨胀计具有操作方便、不易泄漏和易于清洗的特点。通过标定,膨胀计可以直接测定聚合反应过程中体系的体积收缩,从而获得反应动力学方面的数据。

一些聚合反应需要在隔绝空气的条件下进行,使用封管或聚合管比较方便,如图 2-2 所示。封管宜选用硬质、壁厚均一的玻璃管制作,下部为球形,可以盛放较多的样品,并有利于搅拌;上部应拉出细颈,以利于烧结密闭。封管适用于高温、高压下的聚合反应。带翻口橡皮塞的聚合管,适用于温和条件下的聚合反应,单体、引发剂和溶剂的加入可以通过干燥的注射器进行。

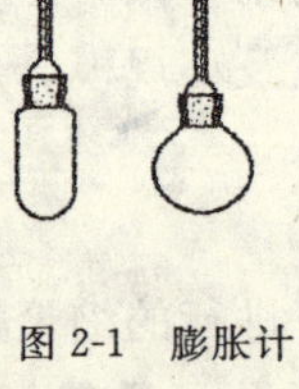

图 2-1　膨胀计

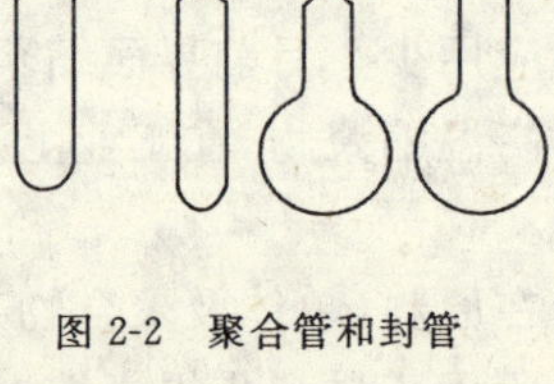

图 2-2　聚合管和封管

为了使反应各组分充分混合均匀，在反应过程中避免发生局部过热现象，许多聚合反应需要在搅拌的条件下进行。机械搅拌由搅拌棒完成。搅拌棒的搅拌头根据不同的使用条件做成各种各样的形状。常用的有活动叶片式、蛇形、锚形、螺旋桨式和吊环式(图 2-3)。锚形(c)搅拌棒具有良好的搅拌效果，但由于受到反应瓶瓶口大小的限制，往往不适用于烧瓶中的反应，常用于反应釜；活动叶片式(a)和吊环式(e)搅拌棒可方便地放入反应瓶中，搅拌时由于离心作用，叶片自动处于水平状态，提高了搅拌效率，这种搅拌棒实验室常用。搅拌棒通常用玻璃制成，但是易折断和损坏；不锈钢材质的搅拌棒不易受损，但是不适用于强酸、强碱环境。因此外层包覆聚四氟乙烯的金属搅拌棒越来越受到欢迎。

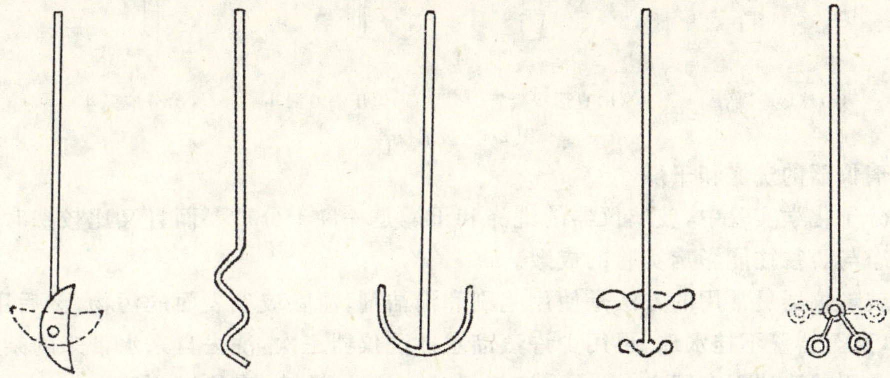

(a)活动叶片式　(b)蛇形　(c)锚形　(d)螺旋桨式　(e)吊环式

图 2-3　搅拌棒

为了使搅拌棒平稳转动，需要在反应器接口处装配适当的搅拌套管，它兼有导向和密封作用。除了常用的标准磨口套管外，一支安装在橡皮塞中管径适中的玻璃管也是一种良好的套管，可用于密封条件要求不高的场合。使用时用一段内径恰好与搅拌棒紧配的橡皮管套接在导管和搅拌棒上。需要在高真空条件下进行搅拌操作，就需要精密磨砂的搅拌导管，可将普通注射器截去上、下部分，剩下的针筒部分套入橡皮塞中，推管部分套入搅拌棒，并用橡皮管套住。使用时，在磨砂部分滴加少量润滑剂，可起到良好的转动和密封效果。

除了上述反应器以外，高分子化学实验经常使用到冷凝管、移液管、漏斗等玻璃仪器(图 2-4)。冷凝管分为直形、球形、蛇形和空气冷凝管，用于冷却蒸馏出的液体。直形冷凝管由于热交换面积小，冷却效果不是很好，适用于蒸馏分离沸点在 140 ℃以下的物质。球形冷凝管冷却效果较好，因为其热交换面积大，适用于高分子合成反应中的加热回流。蛇形冷凝管冷却效果更好，适用于冷凝低沸点液体蒸气。空气冷凝管是一种利用外界空气冷凝的冷凝管，适用于分离蒸馏沸点在 140 ℃以上的物质。在使用冷凝管时，注意不可骤冷骤热，冷却水从下口进，上口出。

移液管用于准确地移取一定量的液体。使用时不能加热，注意保护上端和尖端。

滴液漏斗分为球形、梨形、筒形，球形等多用于聚合反应中滴加液体，注意磨口旋塞必须原配，漏水的漏斗不能使用。

抽滤瓶用于抽滤时接收滤液，属于厚壁容器，能耐负压，不可加热。

干燥器用于保存烘干或灼烧过的物质；也可干燥少量制备的产品，底部放变色硅胶或其他干燥剂，盖磨口处涂适量凡士林；不可将红热的物体放入，放入热的物体后要时时开盖以免盖子跳起或冷却后打不开盖子。

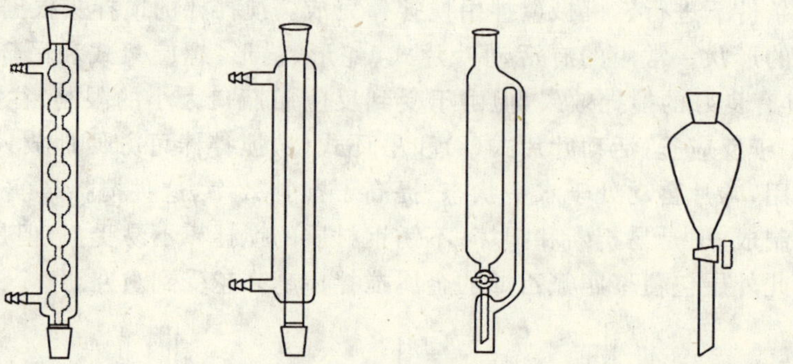

(a)球形冷凝管　　(b)直形冷凝管　　(c)恒压滴液漏斗　　(d)分液漏斗

图 2-4　玻璃仪器

2. 玻璃仪器的洗涤和干燥

在高分子化学实验中，玻璃仪器的洗涤和干燥是一件十分重要而且又比较费时的工作。仪器的洁净与否往往能影响实验的成败。

清洗玻璃仪器最常用的方法是使用毛刷和清洁剂，清除玻璃表面的污物，然后用自来水反复冲洗，直至器壁不挂水珠，再用少许蒸馏水冲洗仪器三次，洗去自来水带来的杂质，烘干备用。最常用的清洁剂有肥皂、合成洗涤剂(如洗衣粉)、洗液、有机溶剂等。

肥皂、合成洗涤剂等一般用于可以用毛刷直接刷洗的仪器，如烧瓶、烧杯、试剂瓶等非计量及非光学要求的玻璃仪器。也可用于滴定管、移液管、量瓶等计量玻璃仪器的洗涤，但不能用毛刷刷洗。洗液多用于不能用毛刷刷洗的玻璃仪器，如滴定管、移液管、量瓶、比色管、玻璃垂熔漏斗、凯氏烧瓶等特殊要求与形状的玻璃仪器；也用于洗涤长久不用的玻璃仪器和毛刷刷不下的污垢。

酸性洗液有很强的氧化能力，对玻璃仪器又极少有侵蚀作用。所以这种洗液在实验室内使用最广泛。酸性洗液的浓度一般为 5%～12%。配制方法为：称取 20 g 重铬酸钾，于干燥研钵中研细，将此细粉加入盛有 20 mL 水的玻璃容器内，加热、搅拌使之溶解，待冷后，将此玻璃容器放在冷水浴中，缓慢将 360 mL 浓硫酸断续加入，不断搅拌，勿使温度过高，容器内容物颜色渐变深，并注意冷却，直至加完混匀。

注意事项：

①硫酸遇水能产生强烈放热反应，故须等重铬酸钾溶液冷却后，再将硫酸缓缓加入，边加边搅拌，千万不能将水或溶液加入浓硫酸中，以防发生爆炸。

②用清洁液清洁玻璃仪器之前，最好先用水冲洗仪器，洗去大部分有机物，尽可能使仪器空干，这样可减少清洁液消耗和避免稀释而降效。

③本品可重复使用，但溶液呈绿色时已失去氧化效力，不可再用。

④硫酸具有腐蚀性，配制时宜小心。

⑤用铬酸清洁液洗涤仪器，是利用其与污物起化学反应的作用，将污物洗去，故要浸泡一定时间，一般放置过夜(视具体情况而定)。

碱性洗液用于洗涤有油污物的仪器。碱性洗液为 10%氢氧化钠水溶液或乙醇溶液。水溶液加热(可煮沸)使用，其去油效果较好。注意：煮的时间太长会腐蚀玻璃，碱-乙醇洗液不要加热。从碱洗液中捞取仪器时，要戴乳胶手套，以免烧伤皮肤。

洗净后的仪器可以晾干或烘干，干燥仪器的设备有烘箱和气流干燥器。临时急用，可以加入少量乙醇或丙酮冲刷水洗过的器皿加速烘干过程，电吹风更能加快烘干过程。对于离子型聚合反应，实验装置需绝对干燥，往往仪器安装完毕后，于高真空下加热除去玻璃仪器的水汽。

2.3　常用原料的精制

聚合反应对于杂质非常敏感。在缩聚反应中，单体的纯度会影响到官能团的摩尔比，进而使聚合物的相对分子质量偏离设定值。在离子型聚合中，单体和溶剂中少量杂质的存在，不仅会影响聚合反应速率和产物的相对分子质量，甚至会导致聚合反应不能进行。在自由基聚合中，单体往往含有少量阻聚剂，使得反应存在诱导期或聚合速率下降，影响动力学常数的准确测定。因此，在高分子合成实验中，对参与反应的单体、引发剂、溶剂及其他各种助剂的纯度有较严格的要求。为了高产率的获得高相对分子质量的聚合物，在聚合反应进行前，必须对参与反应的单体、引发剂及其他各种助剂进行必要的提纯和精制。

1. 常用单体的精制

大部分烯类单体在储存和运输过程中，为避免发生聚合反应，要加入少量的阻聚剂，因此在使用前必须进行精制。

(1)甲基丙烯酸甲酯(MMA)的精制

甲基丙烯酸甲酯是无色透明的液体，沸点 100.3～100.6 ℃，熔点 −48.2 ℃，相对密度 $D_4^{20}=0.936$，折光率 $n_D^{20}=1.4136$，微溶于水，溶于乙醇和乙醚等有机溶剂。

甲基丙烯酸甲酯精制中常用的阻聚剂为对苯二酚，可用碱溶液洗去。具体方法为：在 500 mL分液漏斗中加入 250 mL 甲基丙烯酸甲酯，用 50 mL 5% 的 NaOH 水溶液洗涤数次至无色。然后用去离子水(每次 50～80 mL)洗至中性。分去水层后，加入单体量 5%左右的无水 Na_2SO_4，充分摇动，放置干燥 24 小时以上。减压蒸馏收集 50 ℃/16.53 kPa 的馏分。测其折光率($n_D^{20}=1.4136$)。

甲基丙烯酸甲酯沸点与压力的关系见表 2-5。

表 2-5　甲基丙烯酸甲酯沸点与压力的关系

沸点/℃	10.0	20.0	30.0	40.0	50.0	60.0	70.0	80.0	90.0	100.0
压力/kPa	3.20	4.67	7.07	8.13	16.53	25.20	37.20	50.53	72.93	101.33

(2)苯乙烯(St)的精制

苯乙烯为无色透明液体，沸点 145.2 ℃，熔点 −30.6 ℃，相对密度 $D_4^{20}=0.906$，折光率 $n_D^{20}=1.5469$。不溶于水，可溶于大多数有机溶剂。

苯乙烯的常用阻聚剂也为对苯二酚，精制方法与上述甲基丙烯酸甲酯相同。在 500 mL 的分液漏斗中装入 250 mL 苯乙烯，用 50 mL 5% NaOH 水溶液洗涤数次至无色。再用去离子水洗至中性。分去水层，加入适量无水 Na_2SO_4 放置干燥。减压蒸馏收集 59 ℃/5.33 kPa 的馏分。测其折光率($n_D^{20}=1.5469$)。

表 2-6　　苯乙烯沸点与压力的关系

沸点/℃	18.0	30.8	44.6	59.8	69.5	82.1	101.4	122.6	145.2
压力/kPa	0.67	1.33	2.67	5.33	7.99	13.22	22.66	53.33	101.33

(3)乙酸乙烯酯(VAc)的精制

纯净的乙酸乙烯酯为无色透明液体,沸点为 72.5 ℃,相对密度 $D_4^{20}=0.934\ 2$,折光率 $n_D^{20}=1.395\ 6$。在水中溶解度为 2.5% (20 ℃),可与醇混溶。

阻聚剂为对苯二酚。乙酸乙烯酯精制方法如下:在 500 mL 的分液漏斗中加入 300 mL 乙酸乙烯酯,用 60 mL 饱和 $NaHSO_3$ 溶液洗涤 2～3 次,再用 100 mL 蒸馏水洗 1 次,用 60 mL 10% Na_2CO_3 溶液洗 2 次,最后用去离子水洗涤至中性。将洗涤后的乙酸乙烯酯放入干燥的 500 mL 磨口锥形瓶中,加入无水 Na_2SO_4 干燥,冰箱中过夜。经干燥的乙酸乙烯酯在装有韦氏蒸馏头的精馏装置上进行精馏(为了防止暴沸和自聚,可在蒸馏瓶中加一粒沸石及少量的对苯二酚)。收集 72.5 ℃的馏分。测折光率($n_D^{20}=1.395\ 6$)。

表 2-7　　乙酸乙烯酯沸点与压力的关系

沸点/℃	7.80	21.07	32.31	40.05	48.42	55.62	61.32	72.50
压力/kPa	6.17	12.61	21.20	29.42	42.30	54.76	67.95	101.33

(4)丙烯腈的精制

丙烯腈为无色透明液体,沸点 77.3 ℃,折光率 $n_D^{20}=1.391\ 1$,相对密度 $D_4^{20}=0.866\ 0$,常温下在水中的溶解度为 7.3%。

丙烯腈的精制方法:量取 200 mL 丙烯腈于 500 mL 蒸馏瓶中进行常压蒸馏,收集 76～78 ℃的馏分;将该馏分用无水 $CaCl_2$ 干燥 3 小时,经过滤后移入装有分馏柱的蒸馏瓶中,加入几滴 $KMnO_4$ 溶液进行分馏,收集 77～77.5 ℃的馏分,测其折光率($n_D^{20}=1.391\ 1$)。

注意:丙烯腈有毒,所有操作应在通风橱中进行,操作过程必须仔细。避免进入口中或接触皮肤。仪器装置要严密,尾气应排出室外,残液用大量水冲洗。

(5)丁二烯的精制

丁二烯是一种无色气体,室温下有一种适度甜感的芳烃气味。沸点为-4.413 ℃,相对密度 $D_4^{20}=0.621$,折光率 $n_D^{-25}=1.429\ 3$。

丁二烯是一种非常不稳定的单体,与空气中的氧或其他氧化剂接触即可发生反应生成过氧化聚合物,这种过氧化物又可分解为醛,醛又再行聚合,且在这种分解、聚合过程中会放出大量的热,因此一旦发生自聚将是十分危险的。为此通常在单体中加入抗氧化剂叔丁基邻苯二酚(TBO)。由于过氧化聚合物在 27 ℃下比较稳定,因此丁二烯的储存温度宜低于 27 ℃。

利用常温下丁二烯为气态的特点,将装有己烷的吸收瓶置于冰盐水浴中,待溶剂温度降到丁二烯沸点后,通入气态丁二烯进行吸收(相当于经过一个蒸馏过程)。

2. 常用自由基聚合引发剂的精制

引发剂放置过程中往往会自行分解而失去活性,所以在使用前必须进行提纯处理,以保证其高的引发活性。引发剂的提纯一般多采用重结晶法。

(1)偶氮二异丁腈(AIBN)的精制

偶氮二异丁腈为白色结晶,熔点 103～104 ℃,有毒,溶于乙醇、乙醚、甲苯和苯胺等,易燃。重结晶 AIBN 时可用乙醇，也可用乙醇-水混合溶剂、乙醚、石油醚等。例如：在装有回流冷凝管的 150 mL 锥形瓶中加入乙醇 50 mL，水浴加热至 50 ℃，迅速加入 AIBN 5 g，搅拌棒搅拌使之溶解，待其全部溶解后立即进行热过滤（注意：如煮沸时间长，AIBN 会发生严重分解；过滤所用吸滤瓶和漏斗必须预热）。滤液移入低温浴或冰箱中冷却后得到白色结晶 AIBN。布氏漏斗抽滤，晶体晾置后置于真空干燥箱中干燥，称重，在棕色瓶中低温保存备用。

(2)过氧化二苯甲酰(BPO)的精制

过氧化二苯甲酰为白色结晶性粉末，熔点 103～106 ℃（分解），溶于乙醚、丙酮、氯仿和苯，易燃烧，受撞击、热、摩擦时会爆炸。精制的常用方法是选用一种溶解度较大的溶剂，在室温下使 BPO 溶解并饱和（注意：不要加热），然后将 BPO 在另一溶解度较小的溶剂中结晶出来。由于丙酮和乙醚对 BPO 有诱导分解作用，不宜作为它的重结晶溶剂。

实例：室温下在 100 mL 烧杯中加入 5 g BPO 和 20 mL 氯仿，慢慢搅拌使之溶解，滤去其中不溶物。将滤液滴入 50 mL 甲醇中，用冰盐水冷却，则有白色针状结晶析出。用布氏漏斗过滤，结晶用少量(5 mL)冷甲醇洗涤 3 次。必要时可进行二次重结晶。晶体自然晾干后，室温下真空干燥，称重。产品放在棕色瓶中，保存于干燥器中备用。

(3)过硫酸钾 $K_2S_2O_8$ 或过硫酸铵 $(NH_4)_2S_2O_8$ 的精制

过硫酸钾为白色晶体，相对密度 $D_4^{20}=2.477$，在 100 ℃下分解，溶于水，有强氧化性。

过硫酸铵为无色单斜晶体，有时略带浅绿色。相对密度 $D_4^{20}=1.982$，在 120 ℃下分解，溶于水，有强氧化性。

过硫酸盐中主要杂质是硫酸氢钾（铵）和硫酸钾（铵），可用少量的水反复重结晶进行精制。

具体方法：在 40 ℃下制得过硫酸盐的饱和水溶液，再加入过量 5%～10%的去离子水，过滤，滤液用水冷却，结晶析出，用冰水洗涤结晶，用 $BaCl_2$ 溶液检验洗涤液至无 SO_4^{2-} 为止。若其中仍含有 SO_4^{2-} 则应进行再次结晶。所得白色针状或片状晶体置于真空干燥箱中室温干燥，称重，放于干燥器密闭保存。

(4)四氯化钛的精制

四氯化钛为无色或淡黄色液体。相对密度 $D_4^{20}=1.726$，熔点 −30 ℃，沸点 136.4 ℃。在潮湿空气中分解为二氧化钛和氯化氢，并有烟雾生成。四氯化钛中常含 $FeCl_2$。

向四氯化钛中加入少量铜粉，加热，过滤，滤液减压蒸馏。

(5)三氟化硼乙醚络合物

三氟化硼乙醚络合物为无色透明液体。接触空气易被氧化，使色泽变深。可用减压蒸馏精制。

具体方法：向 500 mL 三氟化硼乙醚液中加入 10 mL 乙醚和 2 g 氢化钙进行减压蒸馏。沸点 46 ℃/1.33 kPa，折射率 $n_D^{20}=1.348$。

(6)萘锂引发剂的制备

萘锂引发剂是一种阴离子聚合引发剂，一般现做现用。

在高纯氮保护下，向净化好的 250 mL 反应瓶中加入切成小粒的金属锂 1.5 g，分析纯级萘 15 g，精制好的四氢呋喃 50 mL，将反应瓶放入冷水浴，同时开动搅拌，反应即开始。溶液逐渐变为绿色，再变为暗绿色。反应 2 小时后结束，取样分析浓度，高纯氮保压，在冰箱中保存备用。

3. 常用有机溶剂的精制

在高分子化学实验中，经常使用各类溶剂作为反应介质或用来分离提纯粗产物。由于反应的特点和物质的性质不同，对溶剂规格的要求也不相同。有些聚合反应(如离子聚合和配位聚合反应)对溶剂的要求较高，即使微量杂质或水分的存在，也会影响实验的正常进行。这种情况下，就需对溶剂进行纯化处理，以满足实验的正常要求。现介绍几种实验室中常用的有机溶剂的精制方法。

(1)苯

苯是一种无色易挥发和易燃的液体，有芳香气味。相对密度 $D_4^{20}=0.879$，熔点5.5 ℃，沸点 80.1 ℃，折光率 $n_D^{20}=1.501\,1$。不溶于水，可溶于乙醚、乙醇等多种有机溶剂。蒸气与空气可形成爆炸性混合物，爆炸极限 1.5%～8.0%(体积分数)。

普通苯中常含有少量水和噻吩，噻吩的沸点 84 ℃，与苯接近，不能用蒸馏的方法除去。通常利用噻吩比苯更易磺化的特点将其除去。

噻吩的检验：取 3 mL 苯，加入 10 mL 溶有 10 mg 靛红的浓硫酸溶液，振摇后静置片刻，若溶液呈浅蓝色，则有噻吩存在。

噻吩和水的除去：将苯装入分液漏斗中，加入相当于苯体积 10% 的浓硫酸，振摇使噻吩磺化，弃去酸液，再加入新的浓硫酸，重复操作几次，直到酸层呈现无色或淡黄色并检验无噻吩为止。将上述无噻吩的苯依次用 10% 碳酸钠溶液和水洗至中性，再用无水氯化钙干燥 1～2周，蒸馏，收集 80 ℃的馏分即得精制苯。

若用于离子型聚合，则需进一步精制，可压入钠丝进一步干燥，并在高纯氮保护下密闭保存，用前用高纯氮吹 10 分钟，以除去体系中微量的氢气。

(2)甲苯

甲苯是一种无色易挥发的液体，有芳香气味。相对密度 $D_4^{20}=0.866\,9$，熔点－95 ℃，沸点 110.6 ℃，折光率 $n_D^{20}=1.496\,9$。不溶于水，可溶于乙醚、乙醇和丙酮。化学性质与苯相似，蒸气与空气可形成爆炸性混合物，爆炸极限 1.2%～7.0%(体积分数)。

甲苯中含有甲基噻吩(沸点 112～113 ℃)，处理方法与苯相同，由于甲苯比苯更容易磺化，用浓硫酸洗涤时温度要控制在 30 ℃以下。

(3)四氢呋喃

四氢呋喃是一种无色透明的液体，有乙醚气味。相对密度 $D_4^{20}=0.889$，凝固点－65 ℃，沸点 66 ℃，折光率 $n_D^{20}=1.407\,1$，溶于水和多数有机溶剂。易燃烧，蒸气与空气可形成爆炸性过氧化合物。

四氢呋喃中常含有少量水分及过氧化物。其纯化方法如下：用固体氢氧化钾干燥数天，过滤；压入钠丝，以二苯甲酮为指示剂加热回流至蓝色，蒸馏待用(蒸馏时不要蒸干，将剩余少量残液倒出)。

(4)环己烷

环己烷为一种无色液体，有汽油气味。相对密度 $D_4^{20}=0.779$，熔点 6.5 ℃，沸点 80.7 ℃，易挥发和燃烧，蒸气与空气可形成爆炸性混合物，爆炸极限 1.3%～8.3%(体积分数)。环己烷不溶于水,当温度高于57 ℃时,能与无水乙醇、甲醇、苯、醚、丙酮等混溶。

环己烷中含有的杂质主要是苯。除去苯的方法:用冷的浓硫酸与浓硝酸的混合液洗涤数次,使苯硝化后溶于酸层而除去,然后水洗至中性。

作为离子聚合和配位聚合的溶剂时,需将其中的水脱净。可用活化好的分子筛浸泡2周,压入钠丝,以二苯甲酮为指示剂加热回流至湛蓝色,蒸馏待用。

(5)正己烷

正己烷是一种无色挥发性液体,有微弱的特殊气味。相对密度 $D_4^{20}=0.6594$,熔点 -95 ℃,沸点68.7 ℃,折光率 $n_D^{20}=1.3748$,易挥发和燃烧。正己烷不溶于水,能与醇、醚和三氯甲烷混合。

精制方法:先用浓硫酸洗涤数次,接着以0.1 mol/L高锰酸钾的10%硫酸溶液洗涤,再以0.1 mol/L高锰酸钾的10%氢氧化钠溶液洗涤,最后水洗,干燥蒸馏。

对于离子和配位聚合用的正己烷,精制方法与环己烷相同。

(6)抽余油

抽余油是指炼油厂中经铂重整后,将芳烃抽取掉剩余的汽油馏分(沸程为60~140 ℃)。其主要成分为 $C_6\sim C_8$ 的烷烃及一定量的环烷烃,为无色透明液体,不溶于水,相对密度 $D_4^{20}=0.65\sim0.67$,溶解度参数约为7.25。

除去抽余油中水分的方法与环己烷相同。

(7)二氯甲烷

二氯甲烷为无色透明易挥发液体,具有类似醚的刺激性气味。相对密度 $D_4^{20}=1.3161$。熔点 -95.1℃。沸点39.7 ℃。折光率 $n_D^{20}=1.4241$。其蒸气不能燃烧,与空气混合亦不发生爆炸。微溶于水,能与醇、醚混溶。

其纯化方法如下:可用5%碳酸钠溶液洗涤,再用水洗涤,然后用无水氯化钙干燥,蒸馏收集40~41 ℃的馏分,保存在棕色瓶中。

注意:二氯甲烷不能用金属钠干燥,以免发生爆炸。

(8)三氯甲烷

三氯甲烷为无色透明易挥发的液体,稍有甜味。相对密度 $D_4^{20}=1.4916$,熔点 -63.5 ℃,沸点61.2 ℃,折光率 $n_D^{20}=1.4455$,不易燃烧,微溶于水,溶于乙醇、乙醚、苯、石油醚等。

市场上供应的三氯甲烷含有约1%的乙醇作为稳定剂,以消除氯仿分解产生的光气。纯化方法:依次用相当于5%体积的浓硫酸、水、稀氢氧化钠溶液和水洗涤,再以无水氯化钙进行干燥,蒸馏即得。

氯仿在日光下易氧化成氯气、氯化氢和光气(剧毒),故氯仿应贮于棕色瓶中。

注意:三氯甲烷不能用金属钠干燥,以免发生爆炸。

(9)四氯化碳

四氯化碳为无色液体,有愉快的气味,但有毒。相对密度 $D_4^{20}=1.595$,熔点 -22.8 ℃,沸点76.8 ℃。不燃烧,微溶于水,溶于乙醇、乙醚等。

四氯化碳中含有约4%的二硫化碳。纯化方法是:1 L四氯化碳与相当于含有的二硫化碳量的1.5倍的氢氧化钾溶于等量的水中,再加100 mL醇,剧烈振摇0.5小时(温度50~

60 ℃)，必要时可减半量重复振摇 1 次，然后分出四氯化碳；依次用水和少量浓硫酸洗至无色，最后再以水洗至中性；无水氯化钙干燥，蒸馏即得精制四氯化碳。

注意：四氯化碳不能用金属钠干燥，以免发生爆炸。

(10)二硫化碳

二硫化碳为无色液体，具有高度的挥发性和易燃性，有毒，使用时应避免与其蒸气接触。相对密度 $D_4^{20}=1.26$，熔点 −108.6 ℃，沸点 46.3 ℃，折光率 $n_D^{20}=1.6319$。几乎不溶于水，溶于乙醇、醚、苯、四氯化碳等。

工业品常含有硫化氢、硫黄、硫氧化碳等杂质，一般呈黄色和恶臭。纯化方法：先用 0.5%高锰酸钾水溶液洗涤 3 次，除去硫化氢，再加汞振摇，除去硫；然后用冷硫酸汞饱和溶液洗涤，除去恶臭；最后用无水氯化钙干燥，蒸馏收集。

(11)乙醇

乙醇为无色透明液体，具有特殊香味，易挥发。沸点 78.5 ℃，折光率 $n_D^{20}=1.3616$，相对密度 $D_4^{20}=0.7893$，能跟水以任意比互溶。

普通乙醇含量为 95%，与水易形成恒沸溶液，不能用一般分馏法除去水分。

若要求 98%～99%的乙醇，可采用生石灰脱水剂。于 100 mL 95%乙醇中加入新鲜的块状生石灰 20 g，回流 3～5 小时，然后进行蒸馏。

若要 99%以上的乙醇，可采用下列方法：

①在 100 mL 99%乙醇中，加入 7 g 金属钠，待反应完毕，再加入 27.5 g 邻苯二甲酸二乙酯或 25 g 草酸二乙酯，回流 2～3 小时，然后蒸馏。

金属钠虽能与乙醇中的水作用，产生氢气和氢氧化钠，但所生成的氢氧化钠又与乙醇发生平衡反应，因此单独使用金属钠不能完全除去乙醇中的水，须加入过量的高沸点酯，如邻苯二甲酸二乙酯与生成的氢氧化钠作用，抑制上述反应，从而达到进一步脱水的目的。

②向 1 L 圆底烧瓶中加入 2～3 g 干燥洁净的镁条、0.3 g 碘、30 mL 99.5%乙醇，安装球形冷凝管(在冷凝管上端附加一只氯化钙干燥管)，水浴加热至碘粒完全消失(如果不起反应，可再加入一些小粒碘)，然后继续加热，待镁完全溶解后，将 500 mL 99.5%乙醇加入，继续加热回流 1 小时，蒸出乙醇，收集于干燥洁净的瓶内。所得乙醇纯度可超过 99.95%。

由于乙醇具有非常强的吸湿性，所以在操作时，动作要迅速，尽量减少转移次数以防止空气中的水分进入，同时所用仪器必须事前干燥好。

(12)乙醚

乙醚为无色液体，极易挥发，气味特殊，极易燃。沸点 34.5 ℃，折光率 $n_D^{20}=1.3527$，相对密度 $D_4^{20}=0.7138$。

工业乙醚中，常含有 2%乙醇和 0.5%水，久藏的乙醚常含有少量过氧化物。

乙醚纯化方法：向装有 500 mL 普通乙醚的 1 L 分液漏斗内，加入 50 mL 10%的新鲜配制的亚硫酸氢钠溶液，或加入 10 mL 硫酸亚铁溶液和 100 mL 水充分振摇(若乙醚中不含过氧化物，则可省去这步操作)，然后分出醚层，用饱和食盐溶液洗涤 2 次，再用无水氯化钙干燥数天，过滤，蒸馏。将蒸出的乙醚放在干燥的磨口试剂瓶中，压入金属钠丝干燥。

硫酸亚铁溶液的制备：向 100 mL 蒸馏水中慢慢加入 6 mL 浓硫酸，再加入 60 g 硫酸亚铁溶解即得。

注意:为了防止发生事故,对在一般条件下保存的或储存过久的乙醚,除已鉴定不含过氧化物的以外,蒸馏时都不要全部蒸干。

(13)二氧六环

二氧六环为又称二噁烷,可燃液体。熔点 11.8 ℃,沸点 101.5 ℃,折光率 n_D^{20}=1.422 4,相对密度 D_4^{20}=1.033 6。溶于水和乙醇、乙醚等有机溶剂。

二氧六环能与水任意混合,常含有少量二乙醇缩醛与水,久贮的二氧六环可能含有过氧化物。

二氧六环的纯化方法:在 500 mL 二氧六环中加入 8 mL 浓盐酸和 50 mL 水的溶液,回流 6～10 小时,在回流过程中,慢慢通入氮气以除去生成的乙醛。冷却后,加入固体氢氧化钾,直到不能再溶解为止,分去水层,再用固体氢氧化钾干燥 24 h。过滤,在金属钠存在下加热回流 8～12 小时,蒸馏即得。压入钠丝密封保存。

注意:二氧六环与醚类似,能形成过氧化物,在蒸馏时要用还原剂处理。

(14)丙酮

丙酮为无色透明液体,有特殊芳香气味,易燃,易挥发。熔点−94 ℃,沸点 56.5 ℃,折光率 n_D^{20}=1.358 6,相对密度 D_4^{20}=0.789 0。易溶于水和甲醇、乙醇、乙醚、氯仿、吡啶等有机溶剂。

市售丙酮中往往含有少量的水、甲醇、乙醛等还原性杂质。

除水方法:一般直接用 4Å 型分子筛,或用无水硫酸钙或碳酸钾干燥即可。若要含水量低于 0.05%,将上述干燥的丙酮再用五氧化二磷干燥,蒸馏即可。

除还原性杂质:在 250 mL 圆底烧瓶中,加入 100 mL 丙酮和 0.5 g 高锰酸钾,安装回流冷凝管,水浴加热回流。若混合液紫色很快消失,则需补加少量高锰酸钾,继续回流,直到紫色不再消失为止。

改成蒸馏装置,加入几粒沸石,水浴加热蒸出丙酮,用无水碳酸钾干燥 1 小时。将干燥好的丙酮倾入 250 mL 圆底烧瓶中,加入沸石,安装蒸馏装置(注意:全部仪器均须干燥)。水浴加热蒸馏,收集 55.0～56.5 ℃馏分。用此法纯化丙酮时,须注意丙酮中含还原性物质不能太多,否则会过多消耗高锰酸钾和丙酮,使处理时间增长。

(15)N,N-二甲基甲酰胺

N,N-二甲基甲酰胺为无色液体,有微弱的特殊臭味。沸点 152.8 ℃,折光率 n_D^{20}=1.430 4,相对密度 D_4^{20}=0.948 7。与多数有机溶剂和水混溶。

市售三级纯含量不低于 95%,主要杂质为胺、氨、甲醛和水。

常压蒸馏时有些分解,产生二甲胺和一氧化碳。在有酸或碱存在时,分解加快。所以加入固体氢氧化钾(钠)在室温放置数小时后,即有部分分解。因此,最常用硫酸钙、硫酸镁、氧化钡、硅胶或分子筛干燥,然后减压蒸馏,收集 76 ℃/4 800 Pa 的馏分。其中如含水较多,可加入其 1/10 体积的苯,在常压及 80 ℃下蒸去水和苯,然后再用无水硫酸镁或氧化钡干燥,最后进行减压蒸馏。纯化后的 N,N-二甲基甲酰胺要避光贮存。

(16)二甲基亚砜

二甲基亚砜为无色、无臭、微带苦味的吸湿性液体。沸点 189 ℃,熔点 18.5 ℃,折光率 n_D^{20}=1.478 3,相对密度 D_4^{20}=1.095 4。二甲基亚砜能与水混溶。

在常压下加热至沸腾可部分分解。市售试剂级二甲基亚砜含水量约为 1%,通常先减压蒸馏，然后用 4Å 型分子筛干燥；或用氢化钙粉末搅拌 4～8 小时，再减压蒸馏收集64～65 ℃/0.53 kPa 的馏分。

注意：二甲基亚砜与某些物质混合时可能发生爆炸，例如氢化钠、高碘酸或高氯酸镁等。

(17)乙酸乙酯

乙酸乙酯为无色透明、有芳香气味的液体。熔点－83.6 ℃，沸点 77.06 ℃，折光率n_D^{20}＝1.372 3，相对密度 D_4^{20}＝0.900 3。微溶于水，溶于醇、酮、醚、氯仿等多数有机溶剂。

市售的乙酸乙酯含量一般为 95%～98%，常含有微量水、乙醇和乙酸。可采用下列两种方法进行纯化：

①可先用等体积的 5%碳酸钠溶液洗涤，再用饱和氯化钙溶液洗涤，酯层倒入干燥的锥形瓶中，加入适量无水碳酸钾干燥 1 小时后，蒸馏，收集 77.0～77.5 ℃的馏分。

②于 1 000 mL 乙酸乙酯中加入 100 mL 乙酸酐，10 滴浓硫酸，加热回流 4 小时，除去乙醇和水等杂质，然后进行蒸馏。馏液用 20～30 g 无水碳酸钾振荡，再蒸馏。产物沸点为 77 ℃，纯度可达 99%以上。

(18)石油醚

石油醚为轻质石油产品，是低相对分子质量烷烃类的混合物。其沸程为 30～150 ℃，收集的温度区间一般为 30 ℃左右。有 30～60 ℃、60～90 ℃、90～120 ℃等沸程规格的石油醚。

其中含有少量不饱和烃，沸点与烷烃相近，用蒸馏法无法分离。此时可用浓硫酸和高锰酸钾将其除去。方法如下：在 150 mL 分液漏斗中，加入 100 mL 石油醚，用 10 mL 浓硫酸分两次洗涤，再用 10%硫酸与高锰酸钾配制的饱和溶液洗涤，直至水层中紫色不再消失为止。用蒸馏水洗涤两次后，将石油醚倒入干燥的锥形瓶中，加入无水氯化钙干燥 1 小时。蒸馏，收集所需规格的馏分。若需绝对干燥的石油醚，可加入钠丝。

(19)吡啶

吡啶为无色或微黄色液体，有恶臭。沸点 115.5 ℃，折光率 n_D^{20}＝1.509 5，相对密度 D_4^{20}＝0.981 9。溶于水、醇、醚等多种有机溶剂。

分析纯的吡啶含有少量水分，可供一般实验用。如要制得无水吡啶，可将吡啶与粒状氢氧化钾(钠)一同回流，然后隔绝潮气蒸出备用。干燥的吡啶吸水性很强，保存时应将容器口用石蜡封好。

2.4　化学试剂的称量和转移

固体试剂大多采用称量法，根据精度要求在不同类型的天平上进行，如托盘天平、分析天平和电子分析天平。分析天平是高精密仪器，使用时应严格遵守使用规则，平时还要妥善维护。电子天平的出现使高精度称量变得十分简单和容易，使用时应该注意它的最大负荷和避免试剂散落到托盘上。称量时，应借助适当的称量器具，如称量瓶、合适的小烧杯和洁净的硫酸纸。液体试剂可直接采用量体积法，由量筒、注射器和移液管等不同量具完成。气体量的确定较为困难，往往采用流量乘以通气时间来计算，对于储存在小型储气瓶中的气体也可以采用称量法。

在高分子化学实验中，不同试剂需要转移到聚合装置中。一般应遵循先固体后液体的原则，这样可以避免固体粘在反应瓶的壁上，还可以利用液体冲洗反应装置。为了防止固体试剂散失，可以利用滤纸、硫酸纸等制成小漏斗，通过小漏斗缓慢加入固体。在许多场合下液体试剂需要连续加入，这需要借助恒压滴液漏斗等装置，严格的试剂加入速度可通过恒流蠕动泵来实现，流量可在几微升每分钟到几毫升每分钟内调节。气体的转移则较为简单，为了利于反应，通气管口应位于反应液面以下。

在高分子化学实验中，会接触到许多对空气、湿气等非常敏感的引发剂，如碱金属、有机锂化合物和某些离子聚合的引发剂(萘、钠等)。在进行离子型聚合和基团转移聚合时，需要将绝对无水试剂转移到反应装置。这些化学试剂的量取和转移需要采取特殊的措施，以下列举几例。

①碱金属(锂、钠和钾)　取一洁净的烧杯，盛放适量的甲苯或石油醚，将粗称量的碱金属放入溶剂中。借助镊子和小刀，将金属表面的氧化层刮去，快速称量并转移到反应器中，少量附着于表面上的溶剂可在干燥氮气流下除去。

②离子聚合的引发剂　少量液体引发剂可借助干燥的注射器加入，固体引发剂可事先溶解于适当溶剂中再加入，较多量的引发剂可采用内转移法。

③无水溶剂　绝对无水的溶剂最好是采用内转移法进行。一根双尖中空的弹性钢针，经橡皮塞将储存溶剂容器 A 和反应容器 B 连接在一起，容器 A 另有一出口与氮气管道相通，通氮加压即可将定量溶剂压入反应容器 B 中。溶剂加入完毕，将针头抽出。

2.5　聚合反应中的温度控制

聚合温度对聚合反应速率和产物的相对分子质量及其分布有着显著的影响，因此，对聚合温度的控制十分重要。常用的控制方法有水浴、油浴、电热套和低温控制等。

(1)水浴

温度控制范围 0～100 ℃。是一种最方便，也是最安全的热浴。

优点：加热介质纯净，易清洗；方便、安全，要求不高时可采用烧杯水浴；控温精度较高，超级恒温水浴的控温精度可达±0.2 ℃。

为了防止水分蒸发太快，需要及时补充蒸发的水分，或在水面铺一层薄薄的液体石蜡。

(2)油浴

温度控制范围 100～250 ℃。具体温度范围取决于导热油的种类(表 2-8)。常用的较为安全的导热油有甘油、植物油、石蜡油、泵油和硅油等。此外，熔融盐也可作为浴液使用，如硝酸钾和亚硝酸钠 1∶1 的混合物及伍德合金。

表 2-8　常见加热介质的相关性质

加热介质	沸点或最高使用温度/℃	备注
甘油	140～150	洁净、透明，难挥发；温度过高时会炭化
植物油	170～180	难清洗，难挥发，高温有油烟；为了便于久用，常加入 1%的对苯二酚等抗氧剂
石蜡油	200	温度稍高并不分解，但较易燃烧
泵油	250	回收泵油多含杂质，不透明
甲基硅油	230	耐高温，透明，安全，价格高
苯基硅油	250	耐高温，透明，安全，价格高

油浴的控温精度一般可达±0.5 ℃；降温较慢；装置不易清洗；应防止高温时介质油中的有毒分解物、挥发物挥发；长时间使用，要注意及时更换导热油以免发生火灾。

(3)电热套

电热套是一种内热式加热器，电热元件封闭于玻璃纤维等绝缘层内，并制成内凹的半球状，非常适用于圆底烧瓶的加热。根据烧瓶的大小，可以选用不同规格的电热套。温度控制范围在室温至 450 ℃之间。

优点：轻便、安全、省电；不易碰坏玻璃仪器；保温性能好等。

缺点：控温不够精确，反应体系受热不均匀，而且温度滞后现象严重。

注意：反应瓶不能靠在电热套的底部，以免受热不均。应与电热套保持一定的距离，利用空气浴加热。

(4)低温控制

若反应温度需要控制在 0 ℃附近，多采用冰水混合物作为冷却介质；若要使反应体系温度保持在 0 ℃以下，则采用碎冰和无机盐的混合物作为制冷剂；如要维持在更低的温度，则必须使用更为有效的制冷剂，如干冰和液氮。干冰与适量乙醇、乙醚等混合，温度可降至 −70 ℃。液氮可实现的最低温度可达 −196 ℃。表 2-9 列出不同制冷剂的配制方法和使用温度范围。配制冰盐冷浴时，应使用碎冰和颗粒状盐，并按比例混合。干冰和液氮作为制冷剂时，应置于浅口保温瓶等隔热容器中，以防止制冷剂的过度损耗。

表 2-9　常用制冷剂

制冷剂组成	可冷却的最低温度/℃
冰＋水	0
冰 100 份＋氯化铵 25 份	−15
冰 100 份＋硝酸钠 50 份	−18
冰 100 份＋氯化钠 33 份	−21
冰 100 份＋碳酸钾 33 份	−46
冰 100 份＋氯化钠 40 份＋氯化铵 20 份	−25
冰 100 份＋氯化钙(含 6 个结晶水)100 份	−29
冰 100 份＋氯化钙(含 6 个结晶水)143 份	−55
干冰＋乙醇	−78
干冰＋丙酮	−78
液氮	−196

当需要严格控制温度时，应使用带有控温系统的超级恒温槽，也可以通过恒温槽输送冷却液来控制反应温度。

(5)温度的测定和调节

要测量一个反应体系的温度，可选用不同类型和不同规格的温度计和测温仪器。酒精温度计和水银温度计最为常用，它们的量程受其凝固点和沸点的限制，前者可在 −60～100 ℃范围内使用，后者可测定的最低温度为 −38 ℃，最高使用温度在 300 ℃左右。低温的测定可使用以有机溶剂制成的温度计，甲苯的温度计可达 −90 ℃，正戊烷为 −130 ℃。为观察方便，在溶剂中加入少量有机染料，这种温度计由于有机溶剂传热较差和黏度较大，需要较长的平衡时间。

贝克曼温度计可用来测量温度的变化。更高温度下的测温和控温多采用热电偶。

常用的温度控制器有控温仪和与继电器相连的触点温度计。控温仪的温敏探头置于加热介质中，其产生的电信号输入到控温仪中，并与所设置的温度信号相比较。当加热介质未达到设定温度时，继电器处于闭合状态，电加热元件继续通电加热；加热介质的温度高于设定温度时，继电器断开，电加热元件不再工作。触点温度计的工作原理与控温仪相同，皆是利用继电器控制电加热元件的工作状态达到控制和调节温度的目的。

上述两种办法都是通过控制加热源的通断来达到控温的目的。此外，要获得良好的恒温系统，选择适当的电加热元件的功率、电加热介质和调节体系的散热情况也是必需的。

2.6 搅 拌

无论是溶液状态还是熔融状态，高分子化合物都具有高黏度特性。为了保持高分子化学实验过程中传热和传质的均匀性，搅拌显得尤为重要。实验室常用的搅拌方式有磁力搅拌和机械搅拌。

(1)磁力搅拌器

磁力搅拌器是其中的小型马达带动磁铁转动，磁场的变化使容器中磁子发生转动，从而起到搅拌的效果。

根据容器的大小，选择合适大小的磁子，并可以通过调节磁力搅拌器的搅拌速度来控制反应体系的搅拌情况。磁力搅拌器适用于黏度较小或量较少的反应体系。

(2)机械搅拌器

当反应体系的黏度较大时，如进行自由基本体聚合和熔融缩聚反应时，或当反应体系量较多时，磁子无法使整个体系充分混合均匀，甚至磁力搅拌器根本无法带动磁子转动。在这些情况下，需要使用机械搅拌器。进行乳液聚合和悬浮聚合时，需要强力搅拌使单体分散成微小液滴，也离不开机械搅拌。

机械搅拌器由马达、搅拌棒和控制部分组成。机械搅拌器一般有调速装置，有的还有转速指示，但是真实的转速往往由于电压的不稳定而难以确定，这时可用市售的光电转速计来测定，只需将一小块反光铝箔贴在搅拌棒上，将光电转速计的测量夹具置于铝箔平行位置，直接从转速计显示屏上读数即可。

安装搅拌器时，首先要保证电机的转轴绝对与水平垂直，再将配好导管的搅拌棒置于转轴下端的搅拌棒夹具中，拧紧夹具的旋钮。调节反应器的位置，使搅拌棒与瓶口垂直，并处在瓶口中心，再将搅拌导管套入瓶口中。将搅拌器开到低挡，根据搅拌情况，小心调节反应装置位置至搅拌棒平稳转动，然后才可装配其他玻璃仪器，如冷凝管和温度计等。装入温度计和氮气导管时，应关闭搅拌，仔细观察温度计和氮气导管是否与搅拌棒有接触，再行调节它们的高度。

2.7 聚合体系的供 N_2 系统

在很多情况下，分子氧和水对聚合反应有显著的影响。例如空气中的氧气对较低温度下的自由基聚合有一定的阻聚作用；离子聚合体系如果接触到空气，就会与氧气、二氧化碳和水汽反应而使聚合终止；开环聚合、配位聚合反应需要严格的无水无氧条件。这些情况下都需要保护气体。常用的保护气体为氮气和氩气等惰性气体，它们分别储存在黑色和绿色的钢瓶中。

使用场合不同，对惰性气体纯度要求也不一样。自由基聚合中使用工业纯氮气即可，阴离子聚合则需要使用纯度为99.99%以上的高纯氮和高纯氩。

向反应器内充入氮气，最好是反复交替的抽真空和通入氮气。简单地向容器中通入氮气往往不易将容器内空气完全排尽。

要使体系保持恒定的压力，可以在反应器上端接一氮气球。气体流量的计量常用转子流量计或计泡器。计泡器底部装有少量甘油、矿物油等挥发性小的液体。

钢瓶的工作压力可达 15 MPa，使用氧气表头作减压阀。

2.8 聚合物的分离和纯化

在高分子化学实验和研究中，除本体聚合反应可以获得较为纯净的聚合物之外，其他聚合方法所得产物中，还含有大量的反应介质、引发剂及其分解产物、分散剂或乳化剂以及未反应的单体等。要想得到纯净的聚合物，必须将产物中小分子杂质除去。在共聚时，除了预期的产物外，还会生成均聚产物，有时单体没有完全发生共聚反应而残留在产物之中，此时需要对不同的聚合物进行分离。相比聚合物和小分子混合体系而言，聚合物共混物之间的分离较为复杂，也难以进行。高分子化学实验中常用的聚合物分离和纯化方法主要是溶解沉淀法和抽提法。

1. 溶解沉淀法

这是分离精制聚合物最古老、也是应用最为广泛的方法。将聚合物溶解于溶剂中，然后将聚合物溶液加入到对聚合物不溶而和溶剂能互溶的溶剂（聚合物的沉淀剂）中，使聚合物缓慢地沉淀出来，回收沉淀出的聚合物，这就是溶解沉淀法。为了沉淀完全，此过程可反复进行。

溶解沉淀法的关键在于溶剂与沉淀剂的选择。选择溶剂与沉淀剂将预期的杂质——如引发剂或添加剂以及它们分解的产物——从聚合物中除去是容易的。但是更重要的是要使低相对分子质量的聚合物完全沉淀下来。低相对分子质量成分在母液中有失去，是形成分析误差的原因之一。在分离两种高分子混合物时，可选择对其中一种高分子试样为良溶剂，而对另一种高分子试样为沉淀剂的溶剂进行再沉淀。

聚合物溶液的浓度、混合速度、混合方法、沉淀时的温度等对于所分离出的聚合物的外观影响很大，如果聚合物溶液浓度过高，则溶剂和沉淀剂的混合性较差，沉淀物成为橡胶状。而浓度过低时，聚合物又成为微细粉状，分离困难。为此，需选择适当的聚合物浓度。同时，沉淀过程中还应注意搅拌方式和速度。

选择溶剂时避免选择高沸点的溶剂，因为在试样干燥过程中不易除去，造成误差。尤其对于橡胶状或黏性的试样。

在沉淀中，沉淀剂一般用量为溶液的 5～10 倍。聚合物中残留的溶剂和沉淀剂可以用真空干燥法除去。但需要时间较长。

2. 抽提法

这是精制聚合物的重要方法，它是用溶剂萃取聚合物中可溶的部分，达到分离和提纯的目的，一般在索式抽提器中进行。

索式抽提器是由烧瓶、带两个侧管的提取器和冷凝管组成，形成的溶剂蒸气经蒸气侧管而上升，虹吸管则是提取器中溶液往烧瓶中溢流的通道，整个装置如图 2-5 所示。将被萃取聚合物用滤纸包裹结实，置于提取器中，并使滤纸筒上端低于虹吸管的最高处。在烧瓶中装入适当的溶剂，最小量不得小于提取器容积的 1.5 倍。加热使溶剂沸腾，溶剂蒸气沿蒸气侧管上升至提取器中，并经冷凝管冷却凝聚。液态溶剂在提取器中汇集，润湿聚合物并溶解其中可溶性的组分。当提取器中的溶剂液面升高至虹吸管最高点时，提取器中的所有液体从提取器虹吸到烧瓶中，然后开始新一轮的溶解提取过程。保持一定的溶剂沸腾速度，使提取器每 15 分钟被充满一次，经过一定时间聚合物中可溶性杂质就可以完全被抽提到烧瓶中，在抽提器中只留下纯净的不溶性的聚合物，可溶性部分残留在溶剂中。抽提方法主要是用于聚合物的分离，不溶性的聚合物以固体形式存在，可溶性的聚合物除去溶剂并经纯化后即得到纯净的组分。

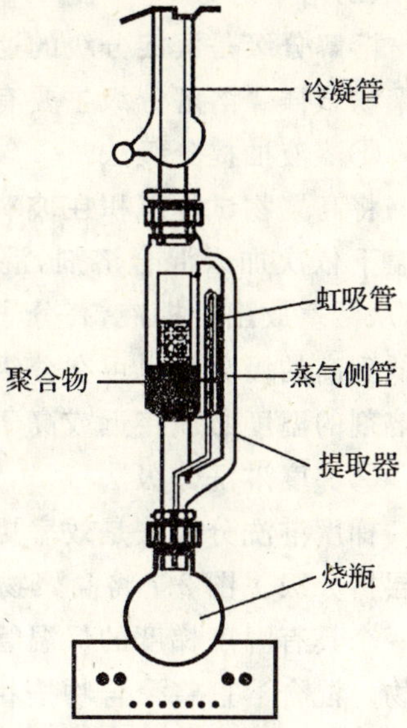

图 2-5　索式抽提器

2.9　聚合物的分级

聚合物的相对分子质量都是多分散性的，具有一定的分布宽度。所谓分级就是将试样分成分散性较小的较均一的各个级分。根据分级的原理，分级方法主要有以下三类：①基于在溶剂中的溶解度和溶解速度的差异进行分级；②利用色谱法分级；③通过沉降分级。

常用方法包括：沉淀分级法、溶解分级法、凝胶渗透色谱分级、浊度滴定法、超速离心法、电子显微镜法。

(1)沉淀分级

在沉淀分级中有两种方法：

①加入沉淀剂分级的方法

在高分子-良溶剂的溶液中加入沉淀剂，则良溶剂分子对高分子的溶剂化作用减小，高分子间的内聚力增加，使临界溶解温度升高，这就是说在给定温度下，把沉淀剂逐渐加到高分子良溶剂的溶液中，会产生相分离，从而达到逐步分级的目的。

②降温分级法

将高聚物溶于不良溶剂中，用逐步降温的方法使之分级，在恒温下等待平衡，依次取得不同相对分子质量的级分。逐渐冷却，相对分子质量较高的级分将首先沉淀出来，按降温间隔不同而依次得到相对分子质量由大到小的不同级分。

(2)溶解分级

溶解分级是沉淀分级的逆过程，应用逐步提高溶剂能力或逐步升高温度的方法来抽提高聚物试样。溶解分级主要有溶液抽提分级法和梯度淋洗分级法两种方法。

①溶液抽提分级法

将高聚物试样沉积在玻璃砂或其他载体的表面，然后置入如图 2-6 所示的分级柱。在恒温下依次加入混合溶剂，混合溶剂中良溶剂的比例逐次增大，静隔一段时间达到溶解平衡，从活塞放出抽提液，高分子中低相对分子质量部分将首先溶解，逐次得到相对分子质量由低到高的级分。也可在分级柱外夹套升高温度以加快抽提速度。对半结晶性高聚物，抽提溶剂的温度必须接近或高于高聚物的熔点温度，才能被抽提。

②梯度淋洗分级法

梯度淋洗分级法是效率更好的溶解分级方法。利用溶剂梯度和温度梯度相结合进行淋洗层析分级。图 2-7 将高聚物均匀分布在玻璃砂或其他载体上，置于淋洗柱的顶端，管柱外有一个具有温度梯度的保温管套。从顶端连续加入良溶剂比例逐次增大的混合溶剂淋洗高聚物。混合溶剂将聚合物按相对分子质量由低到高逐渐溶解。但当提洗液流至管柱下端较低温度处时，聚合物又沉淀在玻璃砂上，等到良溶剂流下时，沉淀又复溶解流下。溶解、沉淀反复进行，可以得到十分优良的分级效果。

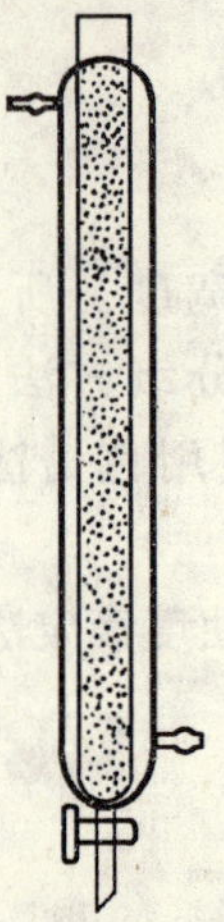

图 2-6　溶解分级柱

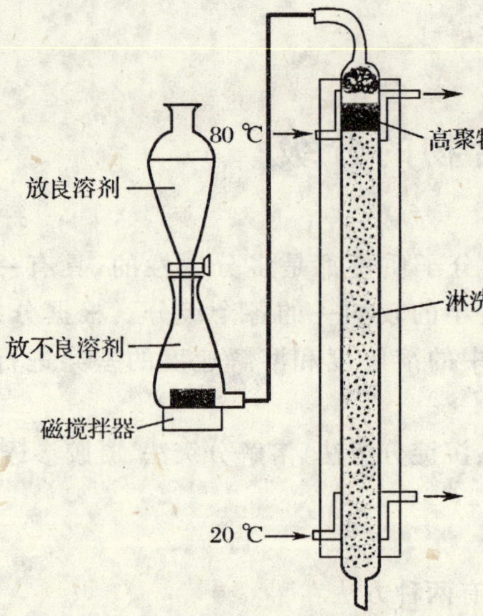

图 2-7　梯度淋洗层析分级柱

(3)凝胶渗透色谱分级

凝胶渗透色谱(GPC)法是较迟发展且较为简便的一种有效方法。主要部分是一支盛有孔径大小分布不同的多孔凝胶颗粒的管柱(图 2-8)。

凝胶:交联聚苯乙烯(苯乙烯与二乙烯基苯的共聚物)或多孔凝胶。

高聚物溶液从上部加入,随之用溶剂连续提洗,同时下端断续收集提洗液。高聚物相对分子质量越大,其在溶液中线团粒度也越大,便不能或只能部分渗透到凝胶小孔中去;相反的,高聚物相对分子质量越小,线团粒度也越小,便很容易渗透到凝胶小孔中去,因此相对分子质量越大的级分能通过凝胶颗粒之间的缝隙,很快穿过管柱而被提洗下来,反之相对分子质量越小的级分因能渗入凝胶小孔中去,在管柱停滞的时间也越长,所以越后被提洗下来,高聚物按相对分子质量由大至小随着提洗液的先后收集次序而被分级。

(4)浊度滴定法

连续加入不良溶剂使高聚物从非常稀的溶液中凝聚,测定溶液的光密度以求出高聚物的析出量。析出原理与沉淀法相同。

(5)超速离心法

在高速离心力场中,高聚物沉降速度是分子重量大小的函数,借此可分析其相对分子质量级分的分布。

(6)电子显微镜法

直接观察从高度稀释溶液中沉淀出来的孤立大分子线团的大小与数量,以计算相对分子质量及其分布。

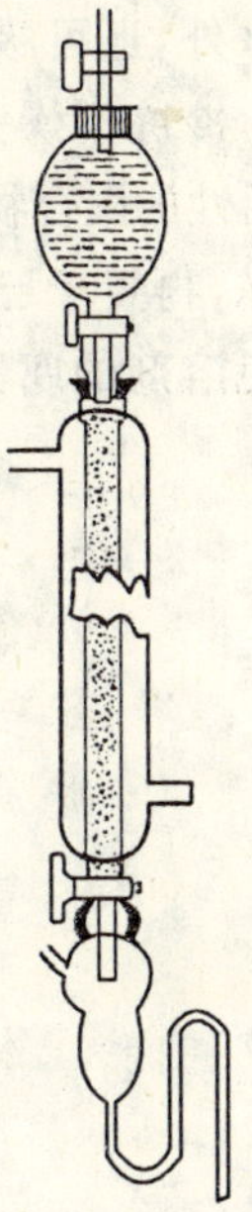

图 2-8　凝胶渗透色谱柱

2.10　聚合物的干燥

聚合物的干燥是将聚合物中残留的溶剂(如水和有机溶剂)除去的过程。常用的干燥方法主要有空气干燥、加热干燥、干燥剂干燥、冷冻干燥等。

对于不易吸湿的固态聚合物,可采用最简单、最经济的空气干燥法,即自然晾干。方法是将固态聚合物摊放在滤纸上或表面皿中,置于通风橱内自然晾干。

最普通的加热干燥方法是将样品置于红外灯下烘烤,但是会因温度过高导致样品氧化。另一种方法是将样品置于烘箱内烘干,为了防止样品氧化、分解等,干燥温度切忌超过该聚合物的玻璃化转变温度。

聚合物适用的加热干燥方法是真空干燥。真空干燥在真空烘箱进行。将聚合物样品置于真空烘箱密闭的干燥室内,减压并加热到适当温度。此种方法能够快速有效地除去残留溶剂。为了防止有机溶剂腐蚀烘箱和污染真空泵,注意聚合物样品所含的溶剂量不可太多。因此,通常在真空干燥前需要在通风橱内空气干燥一段时间,待大量溶剂除去后再置于真空干燥箱内干燥。此外,真空干燥箱与真空泵之间要连接干燥塔,以保护真空泵。干燥后应及时清理烘箱,避免腐蚀。为了防止聚合物粉末样品在恢复常压时被气流冲走,可在盛放聚合物的容器上加盖滤纸或铝箔，并用针扎一些小孔，以利于溶剂挥发。

对于易吸潮或在较高温度下干燥时容易发生分解的聚合物可采用干燥剂干燥法。在干燥器内进行。干燥器有普通干燥器和真空干燥器两种。干燥器内所使用的干燥剂应按被干燥的聚合物所含溶剂的性质来选择。例如，硅胶、氯化钙等常用于吸水；五氧化二磷除用于吸水外，还可吸收醇、酮等；石蜡则可吸收烃类、乙醚和四氯化碳等。

冷冻干燥是在低温下进行的减压干燥，适用于需要固定、保留聚合物结构形态以及有生物活性的聚合物样品的干燥。在进行冷冻干燥前一般都将样品事先放入冰箱于−20～−30 ℃下冷冻，再置于已处于低温的冷冻干燥机中，快速减压干燥。干燥后应及时清理冷冻干燥机，避免溶剂的腐蚀。

第3章 实验部分

3.1 验证性实验

实验1 膨胀计法测定聚合反应速率

【实验目的】

(1)掌握膨胀计的使用方法。

(2)掌握膨胀计测定聚合反应速率的原理。

(3)测定甲基丙烯酸甲酯本体聚合反应平均速率,并验证聚合速率与单体浓度的关系。

【实验原理】

(1)自由基聚合反应初期动力学

自由基聚合反应在较低转化率时应该满足动力学方程的基本条件,这个阶段的聚合反应速率公式为

$$R_P = K'_P[M][I]^{1/2}$$

上式表明聚合反应速率与单体浓度成正比,与引发剂浓度的平方根成正比。在低转化率时还可以假定引发剂浓度基本保持恒定,于是得

$$R_P = \frac{-d[M]}{dt} = K[M]$$

将该式积分,得

$$\ln\frac{[M]_0}{[M]} = Kt$$

式中,$[M]_0$和$[M]$分别为单体的起始浓度和在时刻t的浓度,K为常数。

对于这样的直线方程,只要在实验中测定不同时刻t的单体浓度$[M]$,即可按照上式计算出对应的$\ln\frac{[M]_0}{[M]}$数值,然后再对t作图,如果得到一条直线,则对自由基聚合反应机理及其初期动力学进行了验证,同时由直线的斜率可以得到与速率常数有关的常数K。

(2)用膨胀计测定聚合反应过程中体系密度变化的原理

膨胀计法是测定聚合反应速率的一种简单方法,其依据是一般单体的密度较小而聚合物的密度较大。随着聚合反应的进行,聚合反应体系的体积会逐渐收缩,其收缩程度与单体的转化率成正比。如果将聚合反应体系的体积改变范围刚好限制在一根直径很细的毛细管

中，则聚合体系体积收缩值的测定灵敏度将大大提高，这就是膨胀计法。

如果以 p、ΔV 和 ΔV_∞ 分别代表转化率、聚合反应时的体积收缩值和假定转化率达到100％时的体积收缩值(即聚合反应体系能够达到的最大理论收缩值)，则 ΔV 正比于 p，即

$$p=\frac{\Delta V}{\Delta V_\infty}$$

从开始到 t 时刻已反应的单体量

$$p[\mathrm{M}]_0=\frac{\Delta V}{\Delta V_\infty}[\mathrm{M}]_0$$

t 时刻体系中还未聚合的单体量

$$[\mathrm{M}]=[\mathrm{M}]_0-\frac{\Delta V}{\Delta V_\infty}[\mathrm{M}]_0=\left(1-\frac{\Delta V}{\Delta V_\infty}\right)[\mathrm{M}]_0$$

则得

$$\ln\frac{[\mathrm{M}]_0}{[\mathrm{M}]}=\ln\frac{1}{1-\dfrac{\Delta V}{\Delta V_\infty}} \tag{1}$$

由于式(1)中 ΔV_∞ 是由聚合物密度、单体密度和起始单体体积确定的定值，所以只需用膨胀计测定不同时刻聚合体系的体积收缩值 ΔV 就可以通过作图计算得到 $\ln\frac{[\mathrm{M}]_0}{[\mathrm{M}]}$，并用式(2)计算出实验阶段的平均聚合速率

$$V_\mathrm{P}=\frac{-\mathrm{d}[\mathrm{M}]}{\mathrm{d}t}=K[\mathrm{M}]=\frac{[\mathrm{M}]_0-[\mathrm{M}]}{\Delta t}=\frac{\Delta V[\mathrm{M}]_0}{\Delta V_\infty\Delta t} \tag{2}$$

【仪器与试剂】

(1)仪器

膨胀计；超级恒温水浴(配精密温度计，最小刻度 0.10 ℃)；配样烧杯；量筒；吸管等。

(2)试剂

AIBN(精制品，0.1 g)或 BPO；苯乙烯(精制品，约 12 mL)。

【实验步骤】

(1)配样

按照要求称取引发剂，量取单体，在小烧杯中充分溶解。

(2)装样

将试液从磨口塞处小心倒入膨胀计，使液面处于磨口颈大约一半处，小心盖上磨口塞，注意不得留有气泡。同时使单体液面的高度大约距毛细管最上部刻度的 1～2 cm 处。如果液面过高或过低都必须重新装样。提醒记下膨胀计的号码和毛细管的内径。

图 3-1 玻璃膨胀计

(3)反应

将膨胀计小心夹在试管架上，并将其放入温度已经达到要求的 60±0.1 ℃的恒温池中。注意放入的高度以盛有单体的部分刚好浸入水面为宜。观察并记录毛细管内液面开始升高而后又缓慢下降的过程，每隔 3～5 分钟记录一次液面高度。大约反应 1 小时，转化率可能达到 10％，停止反应。

(4)清洗

反应完成以后立即取出膨胀计，将试液倒入回收瓶，用甲苯清洗两遍，放入烘箱中烘干。

(5)如果实验时间允许，按照相同操作在(70±0.1) ℃重复作一次。根据不同温度条件下测得速率可以验证温度对聚合反应速率的显著影响。

【数据记录及处理】

膨胀计号码及容积	mL	毛细管内径	cm
毛细管横截面积	cm^2	膨胀计刻度以上体积	cm^3
起始单体体积	cm^3	完全转化成聚合物的体积	cm^3
理论体积收缩量 ΔV_∞	cm^3	理论毛细管高度降低量 h	cm

实验记录：

时间/min	
毛细管高度/cm	
收缩高度 Δh/cm	
收缩率$\frac{\Delta h}{h\%}$	
未收缩率 $100-\frac{\Delta h}{h\%}$	
$\lg\left(100-\frac{\Delta h}{h\%}\right)$	
$2-\lg\left(100-\frac{\Delta h}{h\%}\right)$	

将式(1)和式(2)变换成

$$2-\lg\left(100-\frac{\Delta h}{h\%}\right)=\frac{1}{2.303Kt}$$

再以

$$2-\lg\left(100-\frac{\Delta h}{h\%}\right)$$

对时间 t 作图。也可以按照上表直接计算。

【注意事项】

(1)注意膨胀计内的单体不得加得太多，即毛细管内液面不得太高，否则开始升温时单体膨胀将溢出毛细管；也不能加得太少，否则当实验尚未测完数据时毛细管内的液面已经低于刻度，无法读数。

(2)装料时必须保证膨胀计内无气泡，为此必须注意两点：第一，单体加入量需略多于实际容积，让瓶塞将多余的单体压出来；第二，在盖瓶塞时需倾斜着将塞子靠在瓶口的下侧慢慢塞入，让气泡从瓶口的上侧被单体压出。此时烧杯置于下面收集滴漏的单体。

【思考题】

(1)影响本实验结果准确度的主要因素有哪些？

(2)能否用同一反应试样完成 60 ℃测定之后，继续升温到 70 ℃再测定一组数据，而不必按照规定重新装料？如果可以，试分析注意事项并比较两组数据的准确性。

实验 2　苯乙烯的悬浮聚合

【实验目的】

(1)了解苯乙烯自由基聚合的基本原理。

(2)学习悬浮聚合的实验方法,了解悬浮聚合的配方及各组分的作用。

(3)了解控制粒径的成珠条件及不同类型悬浮剂的分散机理、搅拌速度、搅拌器形状对悬浮聚合物粒径等的影响,并观察单体在聚合过程中的演变。

【实验原理】

悬浮聚合实质上是借助于较强烈的机械搅拌和分散剂的作用,将单体分散在水相介质中,是单体以小液滴的形式进行的本体聚合。从动力学的观点看,悬浮聚合与本体聚合完全相同,每一个微珠相当于一个小的本体。悬浮聚合克服了本体聚合中散热困难的问题,但因珠粒表面附有分散剂,使纯度降低。当微珠聚合到一定程度,珠子内粒度迅速增大,珠与珠之间很容易碰撞黏结,不易成珠子,甚至黏成一团,为此必须加入适量分散剂,选择适当的搅拌器与搅拌速度。由于分散剂的作用机理不同,在选择分散剂的种类和确定分散剂用量时,要随聚合物种类和颗粒要求而定,如颗粒大小、形状、树脂的透明性和成膜性能等。同时也要注意合适的搅拌强度和转速、水与单体比等。

苯乙烯(St)通过聚合反应生成如下聚合物。反应式如下:

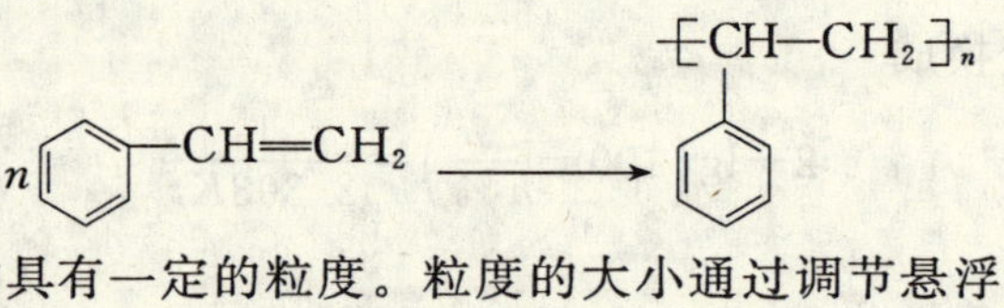

本实验要求聚合物具有一定的粒度。粒度的大小通过调节悬浮聚合的条件来实现。

【仪器与试剂】

(1)仪器

搅拌电机;调压器;三口瓶(500 mL);回流冷凝器;水浴;烧杯;吸滤瓶;抽气管;表面皿。

(2)试剂

苯乙烯(精制品);过氧化苯甲酰(BPO);明胶;次甲基蓝(0.1%水溶液);蒸馏水。

【实验步骤】

(1)安装仪器,如图 3-2 所示。

(2)溶解明胶:置 3 g 明胶于三角瓶中,加 50 mL 蒸馏水,室温浸 1 小时以上(可在前一夜浸水),在 80 ℃左右水浴中溶解至澄清透明。

(3)根据实验要求加入单体苯乙烯(70 mL),0.7 g BPO,搅动至全溶。

(4)三口瓶中投入 200 mL 蒸馏水和明胶水溶液,再加入 3 mL 次甲基蓝水溶液,搅拌下升温至 40～50 ℃,停止搅拌,待水面上泡沫消失,将上述混合单体加入三口瓶,开动搅拌,

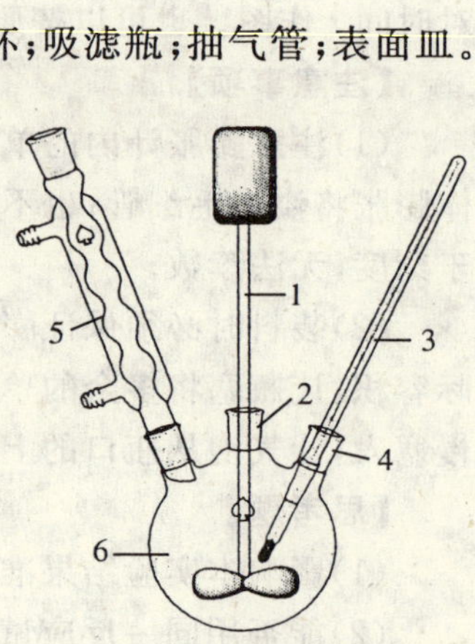

图 3-2　苯乙烯聚合装置图

1—搅拌器;2—密封套;3—温度计
4—温度计套管;5—冷凝管;6—三口瓶

以1 ℃/min的速度升温到60 ℃，取样观察粒度，并用转速调节使大多数在粒度0.3～0.6 mm，维持转速和升温速度，升温到(90±1) ℃，在此温度下反应2小时(此时将珠体取出加入冷水中，应下沉)。

(5)0.5小时升温到(95±1) ℃，保温反应0.5小时，然后升温到98 ℃以上老化反应1小时，停止搅拌。

(6)将生成物倒入1 000 mL大烧杯中，用沸水洗珠体5次，以除去珠体表面黏着的明胶，真空抽滤，把滤干珠体均匀摊在表面皿上，置于100～105 ℃烘箱中烘干1小时。

(7)用标准筛筛选20～80目的珠体、称重、计算收率。

【注意事项】

(1)反应时搅拌要快、均匀，使单体能形成良好的珠状液滴。

(2)80±1 ℃保温阶段是实验成败的关键阶段，此时聚合热逐渐放出，油滴开始变黏易发生粘连，需密切注意温度和转速的变化。

(3)如果聚合过程中发生停电或聚合物黏在搅拌棒上等异常现象，应及时降温终止反应并倾出反应物，以免造成仪器报废。

【思考题】

(1)悬浮聚合成败的关键何在？

(2)如何控制聚合物粒度？

(3)试分析分散剂的作用。

(4)聚合过程中油状单体变成黏稠状最后变成硬的粒子现象如何解释？

实验3　聚乙烯醇缩甲醛的制备

【实验目的】

本实验将通过PVA的缩醛化制备胶水，了解乙烯醇缩醛化的反应原理，并了解高聚物的官能团侧基反应的知识。

【实验原理】

聚乙烯醇缩甲醛是利用聚乙烯醇与甲醛在盐酸催化下而制得的，其反应式如下：

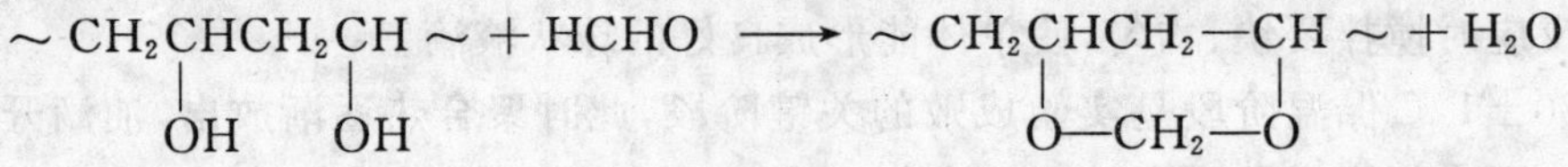

高分子链上的羟基未必能全部进行缩醛化反应，会有一部分羟基残留下来，本实验是合成水溶性聚乙烯醇缩甲醛胶水，反应过程中需控制较低的缩醛度，使产物保持水溶性。若反应过于猛烈，则会造成局部高缩醛度，导致不溶性物质存在于胶水中，影响胶水质量。因此在反应过程中，要特别注意严格控制催化剂用量、反应温度、反应时间及反应物比例等因素。

【仪器与试剂】

(1)仪器

三口瓶；搅拌器；温度计；球形冷凝管；量筒；培养皿。

(2)试剂

PVA-甲醛水溶液(40%工业甲醛)；盐酸；NaOH。

【实验步骤】

在250 mL三口瓶中，加入90 mL去离子水、17 g PVA，在搅拌下升温溶解。待PVA全部溶解后，于90 ℃左右加入3 mL甲醛搅拌15分钟，滴加1：4盐酸溶液，控制反应体系pH 1～3，保持反应温度90 ℃左右。继续搅拌，反应体系逐渐变稠。当体系中出现气泡或有絮状物产生时，立即迅速加入1.5 mL 8%的NaOH溶液，调节pH为8～9，冷却出料，获得无色透明黏稠液体。

【注意事项】

由于缩醛化反应的程度较低，胶水中尚含有未反应的甲醛，产物往往有甲醛的刺激性气味。缩醛基团在碱性环境下较稳定，故要调整胶水的pH。

【思考题】

(1)为什么要把最终产物pH调至8～9，试讨论缩醛化PVA对酸和碱的稳定性。

(2)为什么缩醛度增加，水溶性会下降？

实验 4 醋酸乙烯酯的乳液聚合

【实验目的】

(1)了解乳液聚合的特点、配方及各组分所起作用。

(2)掌握聚醋酸乙烯酯胶乳的制备方法及用途。

【实验原理】

单体在水相介质中,由乳化剂分散成乳液状态进行的聚合,称乳液聚合。其主要成分是单体、水、引发剂和乳化剂。引发剂常采用水溶性引发剂。乳化剂是乳液聚合的重要组分,它可以使互不相溶的油、水两相,转变为相当稳定难以分层的乳浊液。乳化剂分子一般由亲水的极性基团和疏水的非极性基团构成,根据极性基团的性质可以将乳化剂分为阳离子型、阴离子型、两性型和非离子型四类。当乳化剂分子在水相中达到一定浓度,即达到临界胶束浓度(CMC)值后,体系开始出现胶束。胶束是乳液聚合的主要场所,发生聚合后的胶束称为乳胶粒。随着反应的进行,乳胶粒数不断增加,胶束消失,乳胶粒数恒定,由单体液滴提供单体在乳胶粒内进行反应。此时,由于乳胶粒内单体浓度恒定,聚合速率恒定。到单体液滴消失后,随乳胶粒内单体浓度的减小聚合速率下降。

乳液聚合的反应机理不同于一般的自由基聚合,其聚合速率及聚合度可表示如下:

$$R_p=\frac{10^3 NK_p[M]}{2N_A}$$

$$X_n=\frac{10^3 NK_p[M]}{R_t}$$

式中,N 为乳胶粒数,N_A 是阿伏加德罗常数,K_P为链增长反应速率常数,R_t为链终止反应速率。由此可见,聚合速率与引发速率无关,而取决于乳胶粒数。乳胶粒数的多少与乳化剂浓度有关。增加乳化剂浓度,即增加乳胶粒数,可以同时提高聚合速度和相对分子质量。而在本体聚合、溶液聚合和悬浮聚合中,使聚合速率提高的一些因素,往往使相对分子质量降低。所以乳液聚合具有聚合速率快、相对分子质量高的优点。乳液聚合在工业生产中的应用也非常广泛。

醋酸乙烯酯(VAc)的乳液聚合机理与一般乳液聚合相同。采用水溶性的过硫酸盐为引发剂,为使反应平稳进行,单体和引发剂均需分批加入。聚合中常用的乳化剂是聚乙烯醇(PVA)。实验中还常将两种乳化剂合并使用,其乳化效果和稳定性比单独使用一种好。本实验采用 PVA(1788)和 OP-10 两种乳化剂。

聚醋酸乙烯酯(PVAc)乳胶漆具有水基漆的优点,黏度小,相对分子质量较大,不用易燃的有机溶剂。作为黏合剂时(俗称白胶),木材、织物和纸张均可使用。

(1)链引发

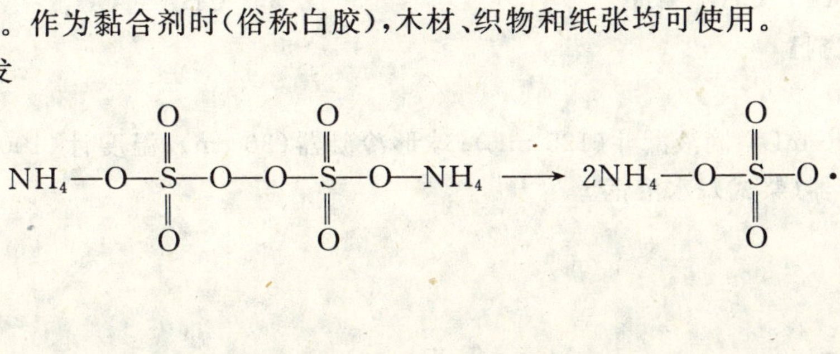

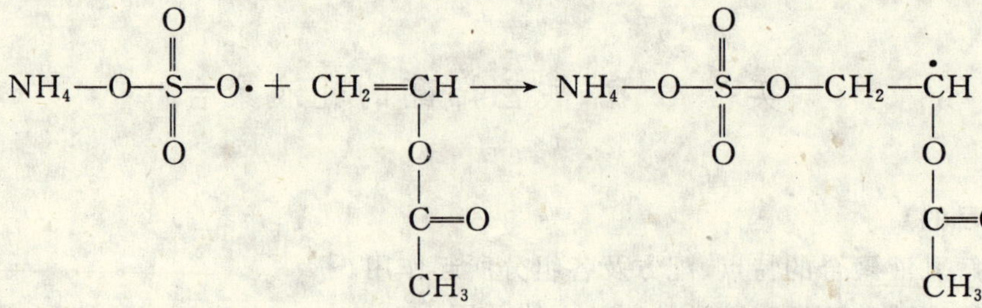

(2)链增长

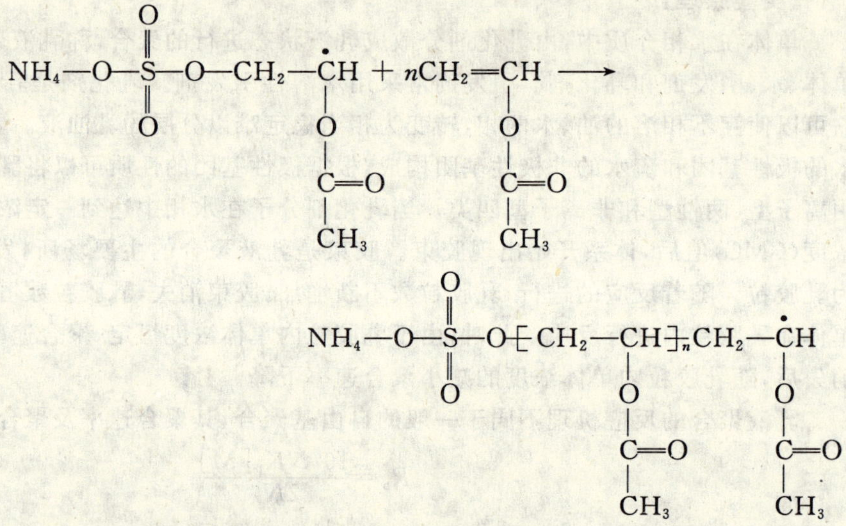

(3)链终止

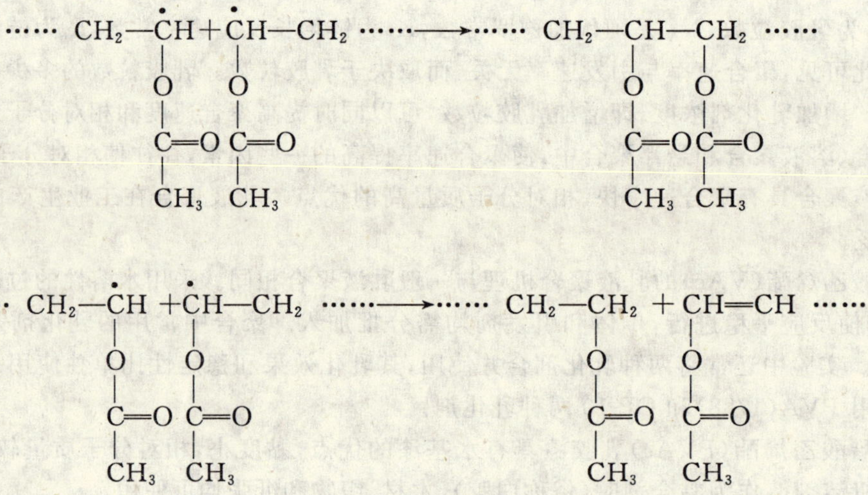

【仪器与试剂】

(1)仪器

四口瓶(250 mL);滴液漏斗(125 mL);球形冷凝器(30 cm);温度计(100 ℃);搅拌封;搅拌马达;搅拌器(桨式);水浴锅。

(2)试剂

醋酸乙烯(工业品,34 g);聚乙烯醇(醇解度 88%的 10%水溶液 37.5 g);过硫酸铵(化学纯,0.1 g);蒸馏水(44 mL);OP-10(0.3 g)。

【实验步骤】

(1)安装仪器,如图 3-3 所示。

(2)在四口瓶中加入聚乙烯醇的 10%水溶液 37.5 g,乳化剂 OP-10 0.3 g,蒸馏水 44 mL。

(3)开动搅拌,用水浴加热至 65 ℃,加入第一批引发剂 1 mL(将 0.1 g 引发剂溶于 3 mL 蒸馏水中),待完全溶解后用滴液漏斗滴加醋酸乙烯,调节滴加速度先慢后快,温度慢慢升至 70 ℃,在 70±1 ℃反应;1 小时后加入第二批引发剂 1 mL;再过 1 小时后加入第三批引发剂 1 mL,在 2 小时内将 34 g 单体加完。

(4)在 70～72 ℃保温 10 分钟,缓慢升温到 75 ℃,保持 10 分钟,再缓慢升温至 78 ℃,保持 10 分钟,再缓慢升温至 80 ℃,保持 10 分钟。

(5)撤掉水浴,自然冷却至 40 ℃,停止搅拌,出料。

(6)测含固量:取 2 g 乳浊液(精确到 0.002 g)置于烘至恒重的玻璃表面皿上,放于 100 ℃烘箱中烘至恒重(约 4 小时),计算含固量。

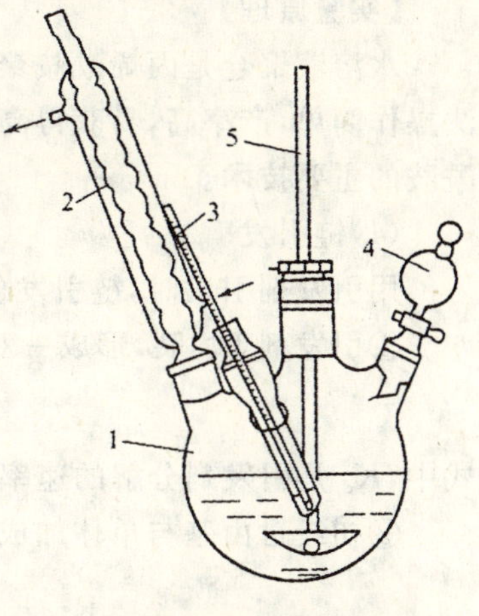

图 3-3　醋酸乙烯酯乳液聚合装置图

1—四口瓶;2—冷凝管;3—温度计;4—滴液漏斗;5—搅拌器

$$含固量=\frac{干燥后样品重}{干燥前样品重}\times 100\%$$

$$转化率=\frac{含固量\times 产品量-聚乙烯醇量}{单体重量}\times 100\%$$

配制 10%聚乙烯醇水溶液的方法:将 3.75 g 醇解度为 88%的聚乙烯醇溶解在 34 mL 水中,最好先浸泡一段时间,然后在沸水中完全溶解。

【注意事项】

(1)按要求严格控制滴加速度,如果开始阶段滴加过快,乳液中出现块状物,使实验失败。

(2)严格控制搅拌速度,否则将使料液乳化不完全。

(3)滴加单体时,温度控制在 70±1 ℃,温度过高使单体损失。

【思考题】

(1)比较乳液聚合、溶液聚合、悬浮聚合和本体聚合的特点及其优缺点。

(2)在乳液聚合过程中,乳化剂的作用是什么?

(3)本实验操作应注意哪些问题?

实验5 聚丙烯酰胺的水溶液聚合

【实验目的】

掌握水溶液聚合机理，学习实验方法和操作技术。

【实验原理】

水溶液聚合是丙烯酰胺聚合反应的传统方法。目前存在的各种聚合反应方法中，该方法操作简单，产率高，易获得高相对分子质量的聚合物，因此应用最为广泛，它是生产聚丙烯酰胺的主要技术。

(1)链引发

用引发剂引发时，链引发包括两步反应。

①引发剂 I 均裂，形成一对初级自由基 R·。

$$\mathrm{I} \xrightarrow{K_d} 2\mathrm{R}\cdot$$

式中，K_d 是引发剂分解的速率常数。

②初级自由基与单体加成，生成单体自由基。

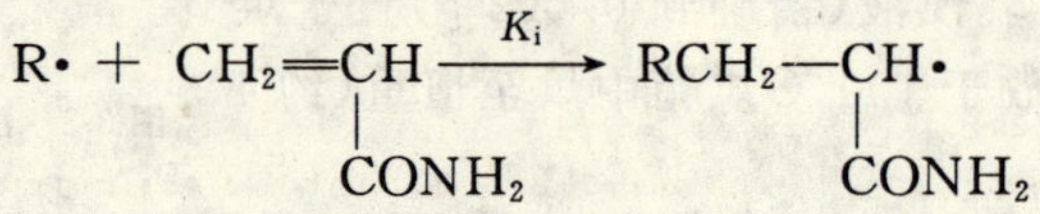

式中，K_i 是引发速率常数。

单体自由基形成以后，继续与其他单体加聚，进入链增长阶段。

(2)链增长

链引发产生的单体自由基不断地和单体分子结合生成链自由基，如此反复的过程称为链增长反应。

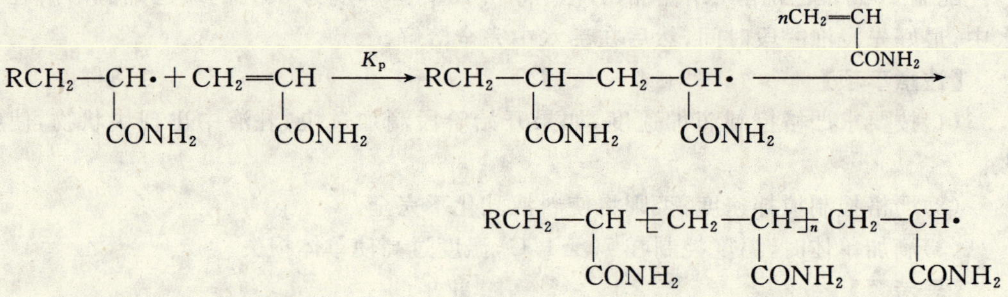

式中，K_p 是链增长速率常数。

(3)链终止

链自由基失去活性形成稳定聚合物分子的反应为链终止反应。链终止和链增长是一对竞争反应。链终止与体系中自由基的浓度有关。为得到足够高相对分子质量产物，保持体系中低自由基浓度是非常重要的。

【仪器与试剂】

(1)仪器

三口瓶(250 mL);烧杯;球形冷凝管;温度计;搅拌电机(搅拌器);量筒;电子天平;恒温水浴槽;干燥箱;玻璃棒等。

(2)试剂

丙烯酰胺(分析纯);过硫酸铵(分析纯);丙酮(分析纯);蒸馏水。

【实验步骤】

(1)检查实验仪器是否齐全完好,然后安装好仪器。

(2)准确称取5 g丙烯酰胺单体,加入到100 mL烧杯中,量取50 mL蒸馏水加入到丙烯酰胺单体中,待丙烯酰胺完全溶解之后一并导入三口瓶中,开动搅拌。

(3)将溶解有0.2 g引发剂过硫酸铵的10 mL蒸馏水加入到反应体系中,恒温搅拌反应1.5～2 h,所得溶液为淡黄色或无色。

(4)反应结束后,取15 mL反应液在丙酮中进行沉淀,将得到白色或微黄色沉淀物。

(5)将上述步骤得到的白色或微黄色沉淀物置于表面皿上,在50 ℃条件下真空干燥至恒重,经过研磨将得到白色粉末。

【思考题】

(1)水溶液聚合法聚合机理是什么?

(2)为了提高聚丙烯酰胺的相对分子质量都可采用哪些方法?

(3)水溶液聚合方法的优缺点分别是什么?

实验 6　溶液聚合——聚醋酸乙烯酯的合成

【实验目的】

(1)掌握溶液聚合的特点,增强对溶液聚合的感性认识。

(2)通过实验了解聚醋酸乙烯酯的聚合特点。

【实验原理】

溶液聚合一般具有反应均匀、聚合热易散发、反应速度及温度易控制、相对分子质量分布均匀等优点。在聚合过程中存在向溶剂链转移的反应,使产物相对分子质量降低。因此,在选择溶剂时必须注意溶剂的活性大小。各种溶剂的链转移常数变动很大,水为零,苯较小,卤代烃较大。一般根据聚合物相对分子质量的要求选择合适的溶剂。另外还要注意溶剂对聚合物的溶解性能,选用良溶剂时,反应为均相聚合,可以消除凝胶效应,遵循正常的自由基动力学规律;选用沉淀剂时,则成为沉淀聚合,凝胶效应显著。产生凝胶效应时,反应自动加速,相对分子质量增大,劣溶剂的影响介于其间,影响程度随溶剂的优劣程度和浓度而定。

本实验以甲醇为溶剂进行醋酸乙烯酯的溶液聚合。根据反应条件的不同,如温度、引发剂量、溶剂等的不同可得到相对分子质量从 2 000 到几万的聚醋酸乙烯酯。聚合时,溶剂回流带走反应热,温度平稳。但由于溶剂引入,大分子自由基和溶剂易发生链转移反应使相对分子质量降低。聚醋酸乙烯酯适于制造维尼纶纤维,相对分子质量的控制是关键。由于醋酸乙烯酯自由基活性较高,容易发生链转移,反应大部分在醋酸基的甲基处反应,形成链或交链产物。除此之外,还向单体、溶剂等发生链转移反应。所以在选择溶剂时,必须考虑对单体、聚合物、相对分子质量的影响,而选取适当的溶剂。温度对聚合反应也是一个重要的因素。随温度的升高,反应速度加快,相对分子质量降低,同时引起链转移反应速度增加,所以必须选择适当的反应温度。

【仪器与试剂】

(1)仪器

夹套釜(500 mL);搅拌器;变压器;超级恒温槽;导电表;量筒(10 mL、50 mL 各 1 支);冷凝管;温度计(0～100 ℃);瓷盘;液封(聚四氟乙烯);搅拌桨(不锈钢)。

(2)试剂

醋酸乙烯酯(VAc)(新鲜蒸馏,60 mL);甲醇(化学纯,沸点为 54～65 ℃,60 mL);过氧化二碳酸二环己酯(DCPD)(重结晶,0.2 g)。

【实验步骤】

(1)在装有搅拌器的干燥而洁净的 500 mL 夹套釜上,装一球形冷凝管。

(2)将新鲜蒸馏的 60 mL 醋酸乙烯酯、0.2 g DCPD 以及 10 mL 甲醇依次加入夹套釜中。在搅拌下加热,使其回流,恒温槽温度控制在 64～65 ℃(注意:不要超过 65 ℃),反应 2 小时。观察反应情况,当体系很黏稠,聚合物完全黏在搅拌轴上时停止加热,加入 50 mL 甲醇,再搅拌 10 分钟,待黏稠物稀释后,停止搅拌。然后,将溶液慢慢倒入盛水的瓷盘中,聚醋酸乙烯酯呈薄膜状析出。放置过夜,待膜面不粘手,将其用水反复冲洗,晾干后剪成碎片,留作醇解所用。

【思考题】

(1)溶液聚合的特点及影响因素?

(2)如何选择溶剂?实验中甲醇的作用?

实验 7　甲基丙烯酸甲酯-苯乙烯的悬浮共聚合

【实验目的】

(1)了解悬浮聚合反应原理,熟悉悬浮共聚合方法。

(2)通过对聚合物颗粒均匀性和大小的控制,了解分散剂、升温速度、搅拌形式与搅拌速度对悬浮聚合的重要性。

【实验原理】

在聚合反应中,单体以小液滴状悬浮于分散介质中的聚合反应称为悬浮聚合,又称“珠状聚合”。悬浮聚合体系主要由单体、引发剂、悬浮剂和分散介质等组成。在悬浮聚合体系中,单体和引发剂为一相,分散介质水为另一相,在强烈的搅拌和悬浮剂的保护下,单体和引发剂以小液滴的形式分散于水中。当达到反应温度后,引发剂发生分解,聚合就此开始。此时单体中溶有引发剂,一个小液滴相当于一个本体聚合体系,由于单体小液滴外部是大量的水,因而液滴内的反应热能够迅速导出,从而能够比较容易地控制聚合反应体系的温度。

从单体液滴转变为聚合物固体粒子,中间经过聚合物-单体黏性粒子阶段,为了防止粒子相互黏结在一起,体系中需另加分散剂,以便在粒子表面形成保护膜。因此,悬浮聚合一般由单体、引发剂、水、分散剂 4 个基本组分组成。悬浮聚合的聚合机理与本体聚合相似,并兼有本体聚合的优点,缺点较少,因而在工业上有着广泛的应用。甲基丙烯酸甲酯-苯乙烯共聚物(简称 MS 共聚物)是制备透明高抗冲性塑料 MS 的原料之一,它可通过改变甲基丙烯酸甲酯与苯乙烯的含量调节 MS 共聚物的折射率,使其与 MBS 中的另一部分,即接枝的聚丁二烯的折射率相匹配,从而达到制备透明 MBS 的目的。

工业上用的 MS 共聚物一般是通过自由基聚合得到的高转化率产物。由于甲基丙烯酸甲酯-苯乙烯典型的竞聚率分别为 $r_{MMA}=0.46$、$r_{ST}=0.52$,因此通常情况下,聚合时共聚物的组成将随着转化率的上升而发生变化,最终产物具有较宽的化学组成分布。但是,通过 Mayo-Lewis 的共聚物组成方程可以得知,此共聚物体系存在恒比点,即当甲基丙烯酸甲酯与苯乙烯的投料比为 0.47∶0.53(摩尔比)时,共聚物的组成将是一恒定的值,与单体组成比相同。理论上,在这点上所形成的 MS 共聚物,其化学组成的均一性相当强。

【仪器与试剂】

(1)仪器

搅拌器;冷凝管;三颈瓶;温度计;滤纸;砂芯漏斗。

(2)试剂

苯乙烯;甲基丙烯酸甲酯;过氧化苯甲酰;二乙烯基苯;聚乙烯醇;亚硫酸钠。

【实验步骤】

在装有搅拌器、温度计和回流冷凝管的 250 mL 三颈瓶中,加入 100 mL 蒸馏水、10 mL 质量分数为 5%的 PVA(1799)、0.4 mL 质量分数为 2%的 PVA(1788)和 30 滴 Na_2SO_3,开动搅拌,水浴升温,80 ℃时加入在烧杯中冷搅 10 分钟的 0.25 g BPO、9 mL 苯乙烯、8 mL 甲基丙烯酸甲酯和 3 mL 二乙烯基苯;反应 1 小时后,吸取少量三颈瓶中的反应液,滴入盛有清水的烧杯中,若有白色沉淀产生,则可以开始对水浴缓慢升温至 95 ℃,反应 1.5 小时,停止搅拌，逐步冷却至 40 ℃。用蒸馏水冲洗余下的珠状产物，抽滤、烘干、称重并计算转化率。

【注意事项】

(1)搅拌太激烈时，易生成砂粒状聚合体；搅拌太慢时，易生成结块，附着在反应器内壁或搅拌棒上。

(2)PVA 难溶于水，必须待 PVA 完全溶解后，才可以开始加热。

(3)称量 BPO 采用塑料匙或竹匙，避免使用金属匙。

(4)是否能获得均匀的珍珠状聚合物与搅拌速度的确定有密切关系。聚合过程中，不宜随意改变搅拌速度。

【思考题】

(1)影响粒径大小的因素有哪些？

(2)哪种试剂为引发剂？哪种试剂为分散剂？

实验8 苯乙烯的阴离子聚合

【实验目的】

(1)掌握苯乙烯的阴离子聚合方法。

(2)了解苯乙烯阴离子聚合反应机理。

【实验原理】

活性中心是阴离子的连锁聚合称为阴离子聚合。阴离子聚合的特点是快引发、慢增长、难终止。在一定条件下,阴离子聚合可实现无终止的活性计量聚合,即反应体系中所有活性中心同步开始链增长,不发生链终止、链转移等反应,活性中心能长时间保持活性,这是阴离子聚合较之其他聚合的明显特点。阴离子聚合是目前实现高分子材料设计合成的最有效手段,据此可以聚合得到相对分子质量分布很窄的聚合物。

阴离子聚合的单体一般是带吸电子取代基的单体,如共轭烯类、羰基化合物、含氧三元杂环化合物,以及含氮杂环化合物等都可以成为阴离子聚合的单体。阴离子聚合的引发剂主要是碱金属、有机碱金属化合物等,各种引发剂的引发反应能力与它们的亲核性以及单体的结构有关,因此选择时应注意其与单体的匹配。

阴离子聚合大多采用溶液聚合的方法,所用溶剂一般为烷烃、芳烃等,如硝基苯、二甲基甲酰胺、乙二醚等。由于活性中心极易与活泼氢等反应,因此对参与聚合反应的各组分要求严格,需高度纯化,应完全隔绝并除去空气、水分和杂质等,加上活性中心以多种离子对平衡的形式存在,因而影响阴离子聚合的因素很多,工艺比较复杂。

用 $n\text{-}C_4H_9Li$ 引发剂进行苯乙烯阴离子聚合。

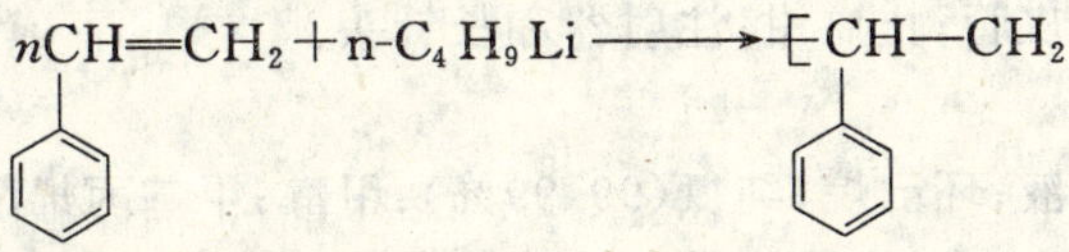

其链引发、链增长和链终止如下。

(1)链引发

链引发是引发剂分子中阴离子与单体加成,形成碳阴离子活性中心,引发速度很快,生成苯乙烯阴离子,呈红色。反应式如下:

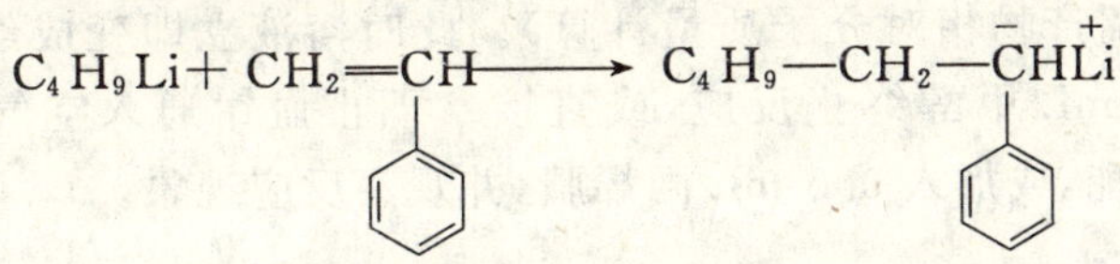

(2)链增长

引发反应所生成的活性中心继续与单体加成,形成活性增长链。反应式如下:

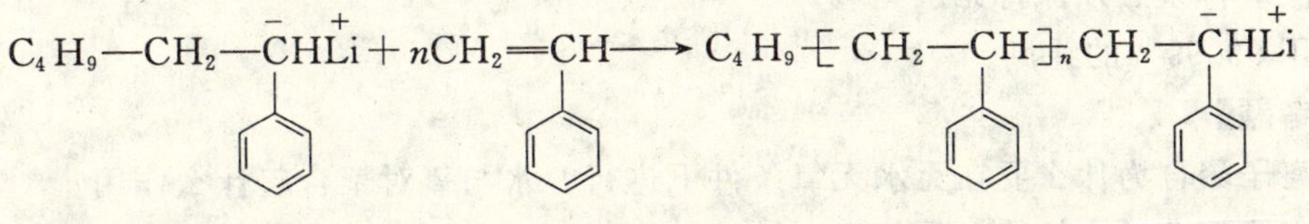

该活性链在无水无氧完全不存在任何转移剂的情况下是不会终止的，所以阴离子聚合是无终止反应。如果再加入新的苯乙烯单体，链继续增长，黏度很快增大，为“活性”高聚物，其聚合反应速度可以直接用下式表示：

$$R_p = K_p[M^-][M]$$

式中，[M]为单体浓度；[M⁻]为活性链浓度，可以用加入的引发剂的浓度表示。

阴离子聚合反应速率比自由基聚合速率大得多，这是由于活性中心的浓度不同所致。在一般情况下，阴离子聚合时高分子活性链的浓度[M⁻]为 $10^{-3}\sim10^{-2}$ mol/mL，而自由基聚合反应的活性链浓度[M·]为 $10^{-9}\sim10^{-7}$ mol/mL，所以一般阴离子反应速率比自由基聚合速率大 $10^4\sim10^7$ 倍。

聚合物的平均聚合度由单体投料浓度[M]和引发剂浓度[C]来计算：

$$\overline{X}_n = \frac{[M]}{[C]}$$

如果链增长是通过双阴离子活性中心进行，则

$$\overline{X}_n = \frac{2[M]}{[C]}$$

所得聚合物相对分子质量分布很窄，是单分散性。

(3)链终止

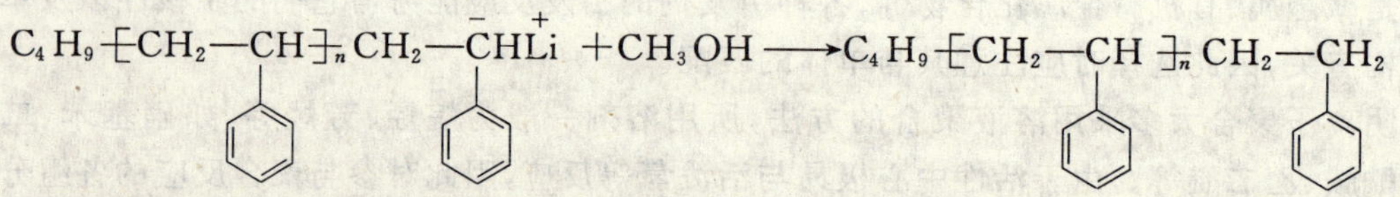

阴离子聚合所制备的聚苯乙烯常用于标样。

【仪器与试剂】

(1)仪器

支管反应器；听诊橡皮管；止血钳；注射器和长针头。

(2)试剂

苯乙烯；正丁基锂溶液；环己烷；纯氮(99.99%)；甲醇；甲基丙烯酸甲酯；丙烯腈。

【实验步骤】

取一支管反应器，配上单孔橡皮塞和短玻管及一段听诊橡皮管。通氮气，以排除试管中的空气，用止血钳夹住两橡皮管，用注射器注入 8 mL 环已烷和 2 mL 苯乙烯，摇匀，用注射器先缓慢注入少量 n-C_4H_9Li，不时摇动，以消除体系中残余杂质，接着加入预先设计计算好的 n-C_4H_9Li 量(按所需产物相对分子质量计算)。此时溶液立即变成红色(为苯乙烯阴离子的颜色)，注入 0.5 mL 甲醇终止反应，或直接拿下止血钳通入空气终止反应，或加入 0.5 mL甲基丙烯酸甲酯，或加入 0.5 mL 丙烯腈，并观察反应现象。

【注意事项】

(1)所用仪器必须洁净并绝对干燥。

(2)反应体系必须保持无水无氧。

(3)用 99.99%的纯氮。

【思考题】

(1)离子聚合为什么要在无水无氧条件下进行？水与氧对聚合起什么作用？

(2)离子聚合反应的特点是什么？

实验9 酚醛树脂的合成

【实验目的】

了解和掌握热固型酚醛树脂的合成原理和方法。

【实验原理】

酚类和醛类的缩聚产物通称为酚醛树脂。其合成过程完全遵循体型缩聚反应的规律，其树脂合成化学非常复杂，目前仍不能准确测定酚醛树脂的结构，即使是缩聚过程中的若干反应历程目前也并不清楚。

一阶热固性酚醛树脂一般在碱性条件下缩聚而成，可用的催化剂为NaOH、氨水、$Ba(OH)_2$等。

【仪器与试剂】

(1)仪器

三口烧瓶(500 mL)；温度计(100 ℃ 1支，300 ℃ 2支)、直管冷凝器(30 cm)、电动搅拌器(连搅拌桨)；水浴锅；电炉(1 kW，可调温)；烘箱；电热板；研钵；广口瓶。

(2)试剂

苯酚(工业用99%，100 g)；甲醛(工业用35%～37%，74 g)；盐酸(1 mol/L，100 mL)。

【实验步骤】

称100 g苯酚及74 g甲醛置于三口瓶中混合，然后加1 mol/L的盐酸，调节pH=1.6～2(约1 mL，视情况而定，记录加入的酸量)。开始用水浴加热，达65～70 ℃即停止加热，使之自动升温至沸腾(若自动升温较慢可延长时间)。观察是否出现混浊及黏度变化，若沸腾20分钟后仍无混浊，可用滴管加入少许1 mol/L的盐酸，反应至停下搅拌后混合物明显分为水层及树脂层(必要时用玻璃棒蘸取树脂于表面皿上在室温下至变硬为止，1～1.5小时)。反应停止后，倒出上层水，然后将树脂层倒入蒸发皿置于烘箱脱水干燥，干燥温度可调至120～130 ℃，也可把蒸发皿直接在电炉上蒸发，使树脂变为褐色透明状(注意控制，即观察树脂蒸发时无气泡)，趁热倒在铁盘中冷却，冷却后将树脂打碎进行称量，备用。

热固性酚醛树脂一般情况下应符合下列主要技术指标：

树脂黏度(黏度杯)	5～10 s/25 ℃
聚合时间(即凝胶化时间)	90～120 s/160 ℃或14～24 min/130 ℃
树脂固体含量(酒精中)	57%～62%
游离酚含量	16%～18%

【注意事项】

(1)注意反应物pH的调节，用盐酸调节时，一次加入量不能太多。

(2)如用电炉直接蒸发干燥，必须经常翻动物料，避免产生局部过热。

【思考题】

苯酚和甲醛的投料配比对热固性酚醛树脂的性能有何影响？

实验10　环氧树脂的制备

【实验目的】

掌握低相对分子质量环氧树脂的制备条件及环氧值测定的方法和计算。

【实验原理】

2-3、2-4 以上多官能团体系单体进行缩聚时，先形成可溶可熔的线型或支链低分子树脂，反应如继续进行，形成体型结构，成为不溶不熔的热固性树脂。体型聚合物由交联将许多低分子以化学键连成一个整体，所以具有耐热性和尺寸稳定性的优点。

体型缩聚也遵循缩聚反应的一般规律，具有“逐步”的特性。

以 2-3、2-4 官能度体系的缩聚反应如酚醛、醇酸树脂等，在树脂合成阶段，反应程度应严格控制在凝胶点以下。

以 2-2 官能度为原料的缩聚反应先形成低分子线型树脂(即结构预聚物)，相对分子质量约数百到数千，在成型或应用时，再加入固化剂或催化剂交联成体型结构。属于这类的有环氧树脂、聚氨酯泡沫塑料等。

环氧树脂是环氧氯丙烷和二羟基二苯基丙烷(双酚 A)在氢氧化钠的催化作用下不断地进行开环、闭环反应得到的线型树脂。如下式所示：

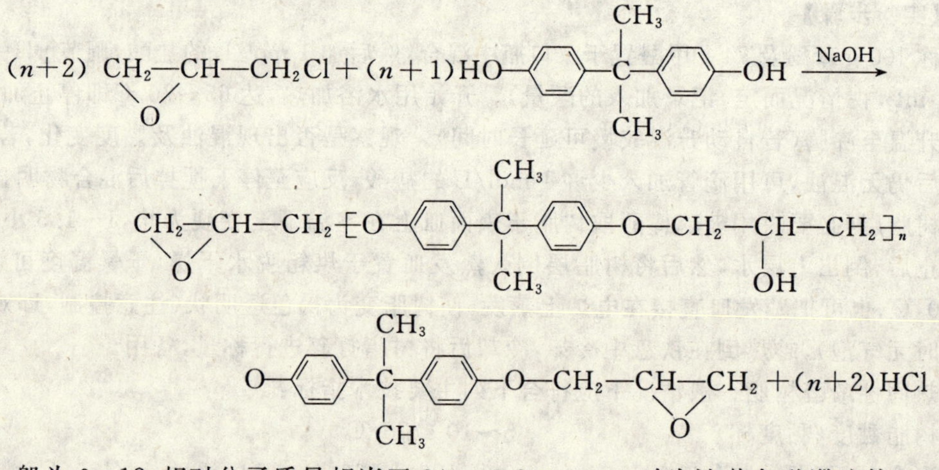

式中，n 一般为 0～12，相对分子质量相当于 340～3 800，$n=0$ 时为淡黄色黏滞液体，$n\geqslant2$时则为固体。n 值的大小由原料配比(环氧氯丙烷和双酚 A 的摩尔比)、温度条件、氢氧化钠的浓度和加料次序来控制。

环氧树脂黏结力强，耐腐蚀、耐溶剂、抗冲性能和电性能良好，广泛用于黏结剂、涂料、复合材料等。环氧树脂分子中的环氧端基和羟基都可以成为进一步交联的基团，胺类和酸酐是使其交联的固化剂。乙二胺、二亚乙基三胺等伯胺类含有活泼氢原子，可使环氧基直接开环，属于室温固化剂。酐类(如邻苯二甲酸酐和马来酸酐)作固化剂时，因其活性较低，须在较高的温度(150～160 ℃)下固化。

本实验制备环氧值为 0.45 左右的低相对分子质量的环氧树脂。

【仪器与试剂】

(1)仪器

电炉(1 kW);变压器(1 kV);烧杯(1 L);水浴;三口反应瓶(250 mL);搅拌器;滴液漏斗(60 mL);Y 形管、弯管(各 1 根);球形冷凝管;直形冷凝管;温度计;分液漏斗(250 mL);量筒(25 mL、50 mL 各 1 支);真空泵;吸滤瓶。

(2)试剂

双酚 A(化学纯,11.4 g);环氧氯丙烷(化学纯,比重 1.181 4 g/cm^3);NaOH 溶液(质量浓度 30%,20 mL);甲苯(化学纯,30 mL);蒸馏水(化学纯,15 mL)。

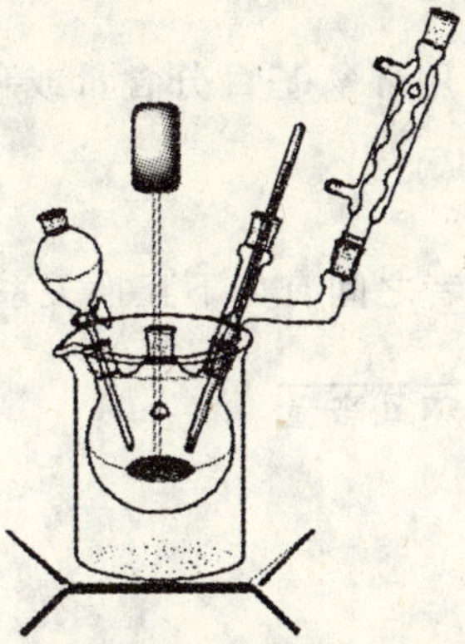

图 3-4　环氧树脂合成装置示意图

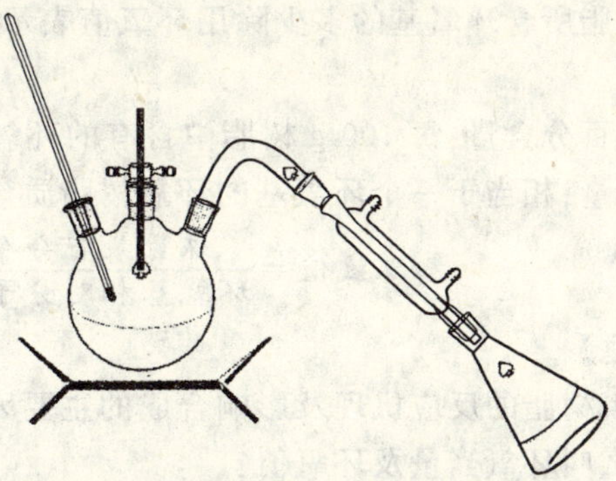

图 3-5　环氧树脂减压蒸馏装置示意图

【实验步骤】

称量 11.4 g 双酚 A 于三口瓶内,再量取 14 mL 环氧氯丙烷,倒入瓶内,装上搅拌器、滴液漏斗、回流冷凝管及温度计,开动搅拌(图 3-4)。升温到 55～65 ℃,待双酚 A 全部溶解成均匀溶液后,将 20 mL 质量浓度 30% NaOH 溶液置于 50 mL 滴液漏斗中,自滴液漏斗慢慢滴加 NaOH 溶液至三口瓶中(开始滴加要慢些,环氧氯丙烷开环是放热反应,反应液温度会自动升高)。保持温度在 60～65 ℃,约 1.5 小时内滴加完毕。然后保温 30 分钟。倾入 30 mL 蒸馏水,搅拌成溶液,趁热倒入分液漏斗中,静止分层,除去水层。

将树脂溶液倒回三颈瓶中,装置如图 3-5 所示,进行减压蒸馏以除去萃取液甲苯及未反应的环氧氯丙烷。加热,开动真空泵(注意馏出速度),直至无馏出物为止,控制最终温度不超过 110 ℃,得到淡黄色透明树脂。

【环氧值的测定方法】

环氧值是指每 100 g 树脂中含环氧基的当量数,它是环氧树脂质量的重要指标之一。也是计算固化剂用量的依据。相对分子质量愈高,环氧值就相应降低,一般低相对分子质量环氧树脂的环氧值为 0.48～0.57。

相对分子质量小于 1 500 的环氧树脂,其环氧值测定用盐酸-丙酮法,反应式为

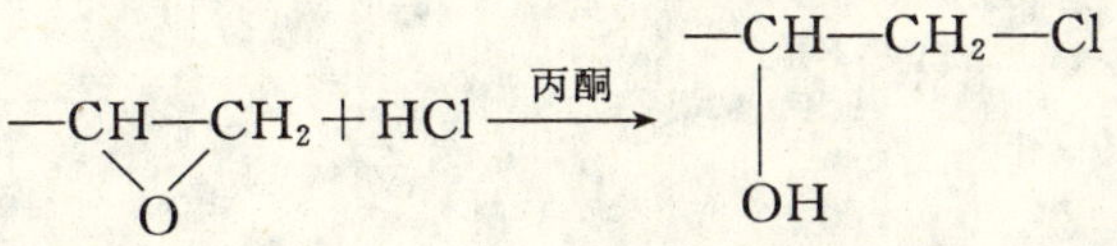

称 0.5 g 树脂(精确到千分之一)于三角瓶中,用移液管加入 20 mL 丙酮盐酸溶液,微微加热,使树脂充分溶解后,在水浴上回流 20 分钟,冷却后用 0.1 mol/L 氢氧化钠溶液滴定,以

酚酞作指示剂，并作一空白试验。

环氧值（当量/100 g 树脂）E 按下式计算：

$$E=\frac{(V_0-V_2)N}{1\,000W}\times 100=\frac{(V_0-V_2)N}{10W}$$

式中　V_0——空白滴定所消耗的 NaOH 溶液，mL；

V_2——样品测试所消耗的 NaOH 溶液，mL；

N——NaOH 溶液的浓度，mol/L；

W——树脂质量，g。

【参考说明】

环氧树脂所含环氧基的多少除用环氧值表示外，还可用环氧基百分含量或环氧当量表示。

环氧基百分含量：每 100 g 树脂中含有的环氧基克数。

环氧当量：相当于一个环氧基的环氧树脂质量(g)，三者之间有如下互换关系：

$$环氧值=\frac{环氧基百分含量}{环氧基相对分子质量}=\frac{1}{环氧当量}$$

【思考题】

(1)环氧树脂的反应机理及影响合成的主要因素。

(2)什么叫环氧当量及环氧值？

(3)将 50 g 自己合成的环氧树脂用乙二胺固化，如果乙二胺过量 10%，则需要等当量的乙二胺多少克？

实验 11　聚苯胺的制备和电导率的测定

【实验目的】

(1)了解一种功能性高分子材料——导电高分子。

(2)掌握导电高分子聚苯胺的合成及导电性的测试。

【实验原理】

共轭高分子可作为导电高分子使用,常说的 π-共轭高分子是指构成高分子主链中由交替的单双键组成的重复单元。这种排列使沿分子链的成键及反键分子轨道非定域化。如果其中 π 或 π^* 键通过形成电荷迁移复合物(Charge Transfer Complex)而被充满或空着,则具有很高的导电性。根据能带理论可知,高分子要具有导电性必须满足下列两个条件,才能冲破分子中原子最外层电子的离域,形成具有整个大分子性的能带体系。

(1)大分子的分子轨道能强烈的离域。

(2)大分子链的分子轨道间能相互重叠。共轭聚合物就是满足以上条件的聚合物,共轭键上的 π 电子可以在整个分子链上离域,从而产生载流子和运输载流子。如聚苯胺、聚吡咯、聚噻吩等。

聚苯胺是近几年发现的一种新型导电有机聚合物,由于它具有制备简便、在空气中稳定性好、电荷贮存能力强、较高的电导率以及良好的电化学性能等优点,尽管被开发的时间较晚,却已成为备受关注的导电高分子,因而引起国内外的高度重视,被认为是最有发展前途的一类导电高分子材料。

聚苯胺的合成有化学氧化聚合和电化学聚合。化学氧化聚合是苯胺在酸性介质中以过硫酸盐或重铬酸钾等为氧化剂发生氧化偶联聚合,聚合时使用的酸通常是挥发性的质子酸,如盐酸等;反应介质可以是水、甲基吡咯烷酮等极性溶剂,可采用溶液聚合和乳液聚合进行。介质酸提供反应所需的质子,同时以掺杂剂的形式进入聚苯胺主链,使聚合物具有导电性。电化学法是苯胺在电流作用下在电极上发生聚合,获得聚苯胺薄膜。以过硫酸铵为氧化剂,盐酸为掺杂剂,苯胺聚合如下:

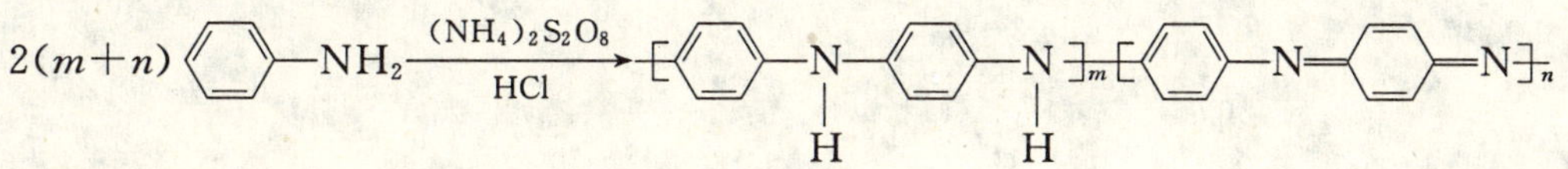

本实验采用溶液聚合法和乳液聚合法合成聚苯胺。

【仪器与试剂】

(1)仪器

三口瓶;滴液漏斗;电磁搅拌器。

(2)试剂

苯胺;盐酸;十二烷基苯磺酸;过硫酸铵;二甲苯;丙酮。

【实验步骤】

(1)溶液聚合法

用 36%的盐酸和水配制成 2 mol/L 盐酸溶液,取 50 mL 稀盐酸并加入 4.7 g 苯胺(0.05 mol)

搅拌溶解，配成盐酸苯胺溶液，取 11.4 g 过硫酸铵(0.05 mol)溶解于 25 mL 蒸馏水中配成过硫酸盐溶液。电磁搅拌下于 5 ℃用滴液漏斗将过硫酸铵溶液滴入到盐酸苯胺溶液中，25 分钟加入完毕，继续反应 1 小时，结束反应。反应混合物经减压过滤、蒸馏水洗涤数次，最后用 2.0 mol/L 盐酸溶液浸泡 2 小时进行掺杂、过滤、干燥至恒重。计算收率。

(2)乳液聚合法

取 25 g 十二烷基苯磺酸，加入 200 mL 水和 50 mL 二甲苯，放入冰水浴中，搅拌均匀。加 5 mL 苯胺，保持温度 0 ℃，30 分钟后滴加 1 mol/L 的过硫酸铵水溶液 100 mL，此时乳液逐渐由乳白色转变成黄绿色，继续搅拌 6 小时后变成墨绿色。静止，加丙酮破乳，抽滤，用蒸馏水洗涤至滤液无色，真空干燥，计算收率。

(3)电导率测试

取少量聚苯胺粉末，在一定压力下冷压成型，用四探针电导率仪测试。

四探针测试仪通过测膜片电压、电流，用公式 $R=\rho\times\frac{L}{A}$来计算电阻率。

$$\sigma=\frac{1}{\rho}=\frac{LI}{VA}$$

式中　σ——导电复合膜的电导率，S/cm；

V——加在两小探针间的电压，mV；

I——加在两大探针间的电流，mA；

L——测试样在小探针间的长度，cm；

A——测试样在探针间的面积，cm^2。

【思考题】

(1)比较两种聚合方法得到的聚苯胺的电导率情况。

(2)分析聚合条件对电导率的影响。

3.2　综合与设计性实验

实验 12　甲基丙烯酸甲酯单体的精制及有机玻璃板的制备

(一)甲基丙烯酸甲酯单体的精制

【实验目的】

(1)了解甲基丙烯酸甲酯单体的贮存和精制方法。

(2)掌握甲基丙烯酸甲酯减压蒸馏的方法。

【实验原理】

甲基丙烯酸甲酯为无色透明液体,常压下沸点为 100.3～100.6 ℃。为了防止甲基丙烯酸甲酯在贮存时发生自聚,应加适量的阻聚剂对苯二酚,在聚合前需将其除去。对苯二酚可与氢氧化钠反应,生成溶于水的对苯二酚钠盐,再通过水洗即可除去大部分的阻聚剂。

水洗后的甲基丙烯酸甲酯还需进一步蒸馏精制。由于甲基丙烯酸甲酯沸点较高,加之本身活性较大,如果采用常压蒸馏会因强烈加热而发生聚合或其他副反应。减压蒸馏可以降低化合物的沸点温度。

单体的精制常采用减压蒸馏。由于液体表面分子逸出体系所需的能量随外界压力的降低而降低,因此降低外界压力便可以降低液体的沸点。沸点与真空度之间的关系可近似地用下式表示:

$$\lg P = A + \frac{B}{T}$$

式中,P 为真空度;T 为液体的沸点;A 和 B 都是常数,可通过测定两个不同外界压力时的沸点求出。

甲基丙烯酸甲酯沸点与压力的关系见表 2-5。

【仪器与试剂】

(1)仪器

三口烧瓶(250 mL,1 个);毛细管(自制);刺型分馏柱;直形冷凝管;温度计(2 支);圆底烧瓶(250 mL,2 个);实验装置如图 3-6 所示。

(2)试剂

甲基丙烯酸甲酯;氢氧化钠;无水硫酸钠。

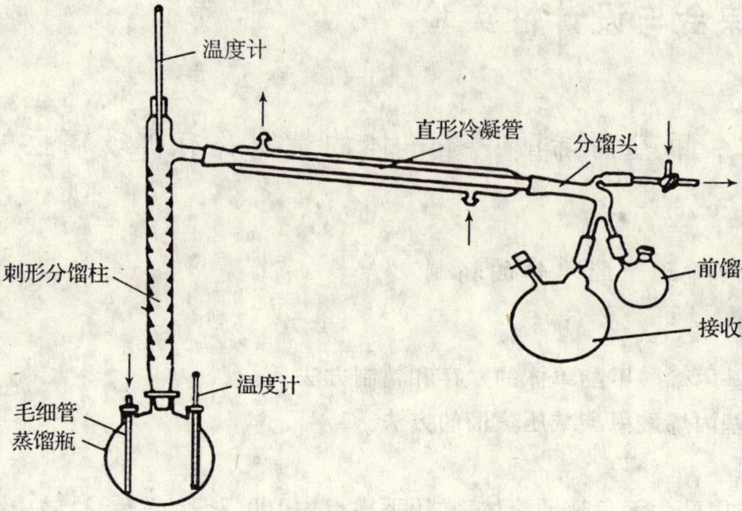

图 3-6　减压蒸馏装置

【实验步骤】

(1)在 500 mL 分液漏斗中加入 250 mL 甲基丙烯酸甲酯单体,用 5%氢氧化钠溶液洗涤数次至无色(每次用量 40～50 mL),然后用去离子水洗至中性,用无水硫酸钠干燥一周。

(2)按图 3-6 安装减压蒸馏装置,并与真空体系、高纯氮体系连接。要求整个体系密闭。开动真空泵抽真空,并用煤气灯烘烤三口烧瓶、分馏柱、冷凝管、接收瓶等玻璃仪器,尽量除去系统中的空气,然后关闭抽真空活塞和压力计活塞,通入高纯氮至正压。待冷却后,再抽真空、烘烤、反复三次。

(3)将干燥好的甲基丙烯酸甲酯加入减压蒸馏装置,加热并开始抽真空,控制体系压力为 13.3 kPa 进行减压蒸馏,收集 46 ℃的馏分。由于甲基丙烯酸甲酯沸点与真空度密切相关,所以对体系真空度的控制要仔细,使体系真空度在蒸馏过程中保持稳定,避免因真空度变化而形成暴沸,将杂质夹带进蒸好的甲基丙烯酸甲酯中。

(4)精制好的单体要在高纯氮的保护下密封后放入冰箱中保存待用。

(二)有机玻璃板的制备——本体法聚甲基丙烯酸甲酯的合成

【实验目的】

(1)了解本体聚合的特点,掌握本体聚合的实施方法,并观察整个聚合过程中体系黏度的变化过程。

(2)掌握本体浇注聚合的合成方法及有机玻璃的生产工艺。

【实验原理】

本体聚合是不加其他介质,只有单体本身在引发剂或光、热等作用下进行的聚合,又称块状聚合。本体聚合的产物纯度高、工序及后处理简单,但随着聚合的进行,转化率提高,体系黏度增加,聚合热难以散发,所以系统的散热是关键。同时由于黏度增加,长链游离基末端被包埋，扩散困难使游离基双基终止速率大大降低，致使聚合速率急剧增加而出现所谓自动加速现象或凝胶效应，这些轻则造成体系局部过热，使聚合物相对分子质量分布变宽，从而影响产品的机械强度；重则体系温度失控，引起爆聚。为克服这一缺点，现一般采用两段聚合：第一阶段保持较低转化率，这一阶段体系黏度较低，散热尚无困难，可在较大的反应器中进行；第二阶段转化率和黏度较大，可进行薄层聚合或在特殊设计的反应器内聚合。

本实验是以甲基丙烯酸甲酯（MMA）进行本体聚合，生产有机玻璃平板。聚甲基丙烯酸甲酯（PMMA）由于有庞大的侧基存在，为无定形固体，具有高度透明性，比重小，有一定的耐冲击强度与良好的低温性能，是航空工业与光学仪器制造工业的重要原料。以MMA进行本体聚合时为了解决散热，避免自动加速作用而引起的爆聚现象，以及单体转化为聚合物时由于比重不同而引起的体积收缩问题，工业上采用高温预聚合，预聚至约10%转化率的黏稠浆液，然后浇模，分段升温聚合，在低温下进一步聚合，安全度过危险期，最后脱模制得有机玻璃平板。

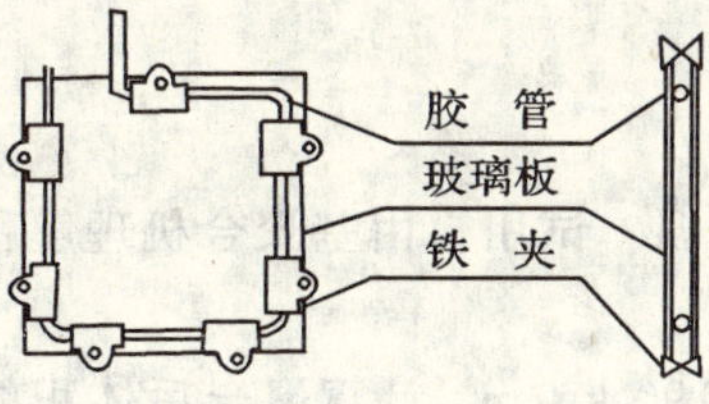

图3-7 PMMA制备模具图

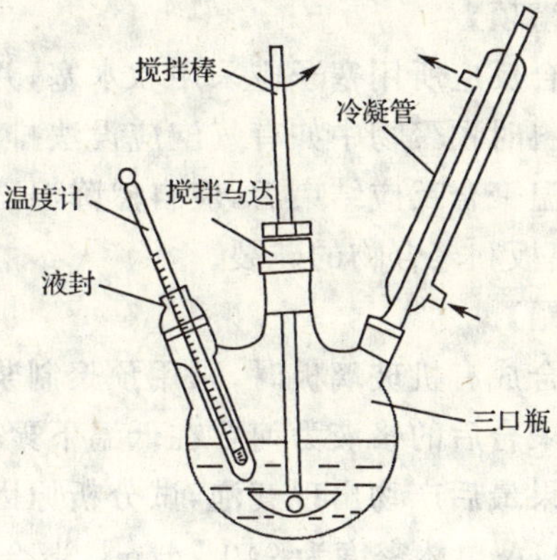

图3-8 MMA聚合装置图

如果直接做甲基丙烯酸甲酯（MMA）的本体聚合，则由于发热而产生气体，只能得到有气泡的聚合物。如果选用其他聚合方法（如悬浮聚合等），由于杂质的引入，产品的透明度都远不及本体聚合方法。为此，工业上或实验室目前多采用浇注聚合的方法。即将本体聚合迅速进行到某种程度（转化率10%左右），做成单体中溶有聚合物的黏稠溶液（预聚物）后，再将其注入模具中，在低温下缓慢聚合使转化率达到93%～95%，最后在100 ℃下高温聚合至反应完全。

【仪器与试剂】

(1)仪器

搅拌电机；搅拌棒；温度计；球形冷凝器；三口瓶；水浴；热源；模具。

(2)试剂

甲基丙烯酸甲酯（MMA）；偶氮二异丁腈（AIBN）。

【实验步骤】

(1)模具制备

将两片平板玻璃（150 mm×150 mm）洗净烘干，在玻璃片间垫好用玻璃纸包紧的胶管（4 mm×1.5mm）围成方形并留出灌料口，然后用铁夹夹紧，备灌模用。

(2)预聚合反应

在 250 mL 的三口瓶中安装搅拌器、冷凝管、温度计。先加入 50 mg AIBN，再加入 70 mL MMA，开动搅拌使 AIBN 溶解在单体中，水浴加热，当温度达到 90 ℃时保温 5 分钟，然后使物料在 80～85 ℃维持 30 分钟左右，观察黏度，当物料呈蜜糖状时，用冷水浴骤然降温至 40 ℃以下终止反应并停止搅拌，将三口瓶中预聚物灌入已备好的模具中，封好灌料口。

(3)低温聚合反应

将上述模具放入烘箱中，升温至 52 ℃，保温 7 小时(此时用铁针刺探有机玻璃，应有弹性出现)，低温聚合结束，抽掉胶管。

(4)高温聚合反应

抽出垫条的模具在烘箱中继续缓慢升温到 100 ℃，保温 1 小时后，烘箱停止加热，任其自然冷却到 40 ℃以下，取出模具脱掉玻璃片即得光滑无色透明的有机玻璃板。

【注意事项】

(1)聚合反应所用塞子应采用软水塞，并防止杂质混入反应体系，影响聚合反应。

(2)灌料时预聚物中如有气泡应设法排出。

(3)高温聚合反应结束后，应自然降温至 40 ℃以下，再取出模具进行脱模，以避免骤然降温造成模板和聚合物的破裂。

【思考题】

(1)在合成有机玻璃板时，采用预聚制浆的目的何在？

(2)经聚合后的浆液为何要在低温下聚合，然后再升温？试用自由基聚合机理解释之。

(3)如果最后产物出现气泡，试分析原因？

(4)MMA 单体密度为 940 kg/m^3，聚合物密度为 1 190 kg/m^3，计算聚合后体积的收缩百分率。

实验13 丙烯酸酯乳液压敏胶的制备

(一)丙烯酸丁酯的精制

【实验目的】

(1)了解丙烯酸丁酯单体精制的原理和方法。

(2)学习减压蒸馏精制单体的实验操作。

【实验原理】

在聚合反应中,特别是实验室研究时,单体的纯度非常重要,有时即使是很少量的杂质也会大大影响聚合反应进程和产品的质量,因此,反应前单体的纯化是十分重要的。

大部分烯类单体如甲基丙烯酸丁酯、苯乙烯等在热和光的作用下容易发生自聚反应,因此在存储和运输过程中需要少量的阻聚剂。阻聚剂可以是酚类、胺类或者硝基化合物等。阻聚剂具有一定的挥发性,如果单纯采用蒸馏的办法,很难将它们除净,常会有少部分阻聚剂随着蒸馏进入新蒸的单体中。可以采用先碱洗或酸洗将阻聚剂去除,然后分离单体相干燥后再进行蒸馏纯化。

本实验所制备的压敏胶单体包括三种:丙烯酸丁酯、丙烯酸、丙烯酸羟丙酯。其中后两种单体的用量只占单体总量的很少部分(3%),又考虑到工业生产时常常并不需要对单体进行精制,所以,这里只对丙烯酸丁酯为例进行精制。

丙烯酸丁酯为无色透明的液体,常压下沸点为145 ℃。为了防止丙烯酸丁酯在贮运时发生自聚,会加入对苯二酚作为阻聚剂。对苯二酚可以与氢氧化钠反应,生成溶于水的对苯二酚钠盐,再通过水洗就可以去除。

水洗干燥后的丙烯酸丁酯还要进一步的蒸馏精制,由于丙烯酸丁酯的沸点较高,而且单体活性大,如果采用常压蒸馏会由于加热发生聚合反应,所以需要通过减压蒸馏降低化合物的沸点温度。本实验学习丙烯酸丁酯单体碱洗—干燥—减压蒸馏的精制方法。

【仪器与试剂】

(1)仪器

分液漏斗(500 mL);试剂瓶(500 mL,2个);烧杯(500 mL,2个);三口瓶(500 mL);毛细管(自制,也可事先准备好);刺型分馏柱;温度计(2支);接收瓶(50 mL和500 mL各1个);恒温水浴;真空系统;装置图同图3-6。

(2)试剂

丙烯酸丁酯;氢氧化钠;无水硫酸钠;去离子水。

【实验步骤】

(1)实验准备

①5% NaOH 溶液配置:在 500 mL 烧杯中加入 10.5 g NaOH,并加入 200 mL 去离子水,用玻璃棒搅拌溶解,并冷却至室温备用。

②丙烯酸丁酯的碱洗一干燥:在 500 mL 分液漏斗中加入 250 mL 丙烯酸丁酯单体,用预先配好的 5% NaOH 溶液洗涤 3~4 次至无色(每次用量约 40~50 mL)。然后用去离子水洗至中性,放入试剂瓶中并加入硫酸钠干燥 3 天以上。

(2)按图 3-6 所示安装蒸馏装置,并与真空体系、高纯氮体系连接。

(3)将干燥好的丙烯酸丁酯单体过滤去除干燥剂后加入三口烧瓶中,加热开始抽真空,控制体系的压力为 3.99 kPa,收集 64 ℃的馏分。由于单体的沸点与真空度密切相关,所以真空度的控制要仔细,使体系真空度在蒸馏过程中保持稳定。馏分流出速度控制在 1~2 滴/秒比较合适。

(4)精制好的丙烯酸丁酯单体密封后放入冰箱保存待用。

(二)丙烯酸酯乳液压敏胶的制备

【实验目的】

(1)深入了解乳液聚合的特点。

(2)了解丙烯酸酯乳液压敏胶各组分所起作用。

(3)掌握丙烯酸酯乳液压敏胶的制备方法及用途。

【实验原理】

乳液型丙烯酸酯压敏胶由一定配比的各种丙烯酸类单体,以水为分散介质,再加入必要的助剂而得。丙烯酸酯的乳液聚合机理与一般乳液聚合相同。当表面活性剂在水相中的浓度超过一定限度时,即形成胶束。在充分搅拌的情况下,单体分散成细小的油珠,部分单体因表面活性剂对它的增容作用而进入胶束。添加引发剂后,经加热引发剂分解产生自由基。自由基进入胶束,引发胶束中的单体开始聚合。更多的单体从油珠中通过水相扩散,又进入胶束进行聚合。聚合转化率达到 10%~20%,表面活性剂浓度达到了 CMC 以下时,胶束消失。聚合系统的所有表面活性剂都被吸附到了聚合物粒子和水的界面上。达到这一点后,不再生成新粒子。聚合就在这些已有的粒子中进行。聚合转化率达到 50%~60%时,聚合物粒子将吸收全部的游离单体,单体油滴从而消失。从这个阶段开始,聚合物粒子中的单体浓度逐渐减少,当粒子中单体耗尽时,聚合就完成。不断的聚合终于形成表面覆有极薄表面活性剂层的细微颗粒,这些颗粒悬浮于水中,因表面活性剂的功能而得以稳定。

乳液型丙烯酸酯压敏胶的组成:

(1)分散介质

分散介质一般为去离子水。通常用蒸馏水或去离子水,以避免水中各种杂质干扰引发剂和乳化剂的正常作用。不合格的水质可能导致引发体系的加速或延缓,产品变色,尺寸变化甚至乳液絮凝。

(2)乳化剂

阴离子和非离子型乳化剂在丙烯酸酯的乳液聚合中得到广泛应用。阴离子乳化剂的特点是乳化效率高,能有效地降低表面张力,可在水溶液中电离成离子,被乳胶粒表面吸附会产生一定程度的水化作用,这样,在乳胶粒静电斥力和水化层的空间位阻的双重作用下,可使聚合物乳液更加稳定。非离子型乳化剂主要靠分子结构中的亲水基所具有的溶剂化作用,使乳胶粒表面形成很厚的水化层,产生空间位阻作用,阻止乳胶粒相互接近而凝聚,从而使乳液体系变得稳定。非离子型表面活性剂,对电解质等的化学稳定性良好,但使聚合速度减慢,而且乳化力弱,聚合中易生成凝块。阴离子型表面活性剂化学稳定性不那么好,但与使用非离子型比较,有生成乳液粒度小、乳液机械稳定性好、聚合中不太容易生成凝块的优点。多数情况下,在乳液聚合中,总是把阴离子和非离子型两种表面活性剂混合使用,有效的发挥两者之特点。本实验所用阴离子型乳化剂为十二烷基硫酸钠,非离子型乳化剂为OP-10。

(3)单体

丙烯酸酯乳液压敏胶中,共聚单体的组成分三部分。第一部分为软单体,是制备压敏胶的主要单体,它们的玻璃化温度较低,主要起黏附作用,使压敏胶对基材具有足够高的润湿性和黏附性,如丙烯酸丁酯、丙烯酸-2-乙基己酯等,本实验选用丙烯酸丁酯。第二部分为硬单体,玻璃化温度高,赋予胶黏剂内聚力,如甲基丙烯酸甲酯、苯乙烯、丙烯腈、乙酸乙烯等,本实验选用甲基丙烯酸甲酯。第三部分为活性单体,为分子链提供交联点,使压敏胶的内聚强度、耐热性、耐老化性有较大的提高,本实验选用丙烯酸。

(4)引发剂

乳液聚合中所用的引发剂主要分为热引发和氧化还原引发两种体系。氧化还原引发剂是通过氧化剂和还原剂之间发生氧化还原反应而产生能引发聚合的自由基。热引发最为普遍使用,引发剂受热时分解产生自由基,最常用的热引发剂为过硫酸盐类,本实验选用过硫酸铵。

(5)缓冲剂

反应时由于引发剂分解和共聚物水解,体系的 pH 会逐渐降低。添加缓冲剂的作用是调节 pH,使之维持在 4～5。所添加的物质是碳酸氢钠等弱酸性盐。本实验选用碳酸氢钠。

(6)相对分子质量调节剂

乳液聚合物的平均相对分子质量要比溶液和本体聚合物大得多,有时可高达数百万。因此,作压敏胶用时常常会因相对分子质量太大而初黏力和剥离强度不够。此时就必须在聚合时加入适量的硫醇、硫醚、四氯化碳等相对分子质量调节剂来降低聚合物的相对分子质量,使最终的乳液压敏胶具有所需要的初黏力、剥离强度和持黏力。本实验选择最常用的十二烷基硫醇作为相对分子质量调节剂。

【仪器与试剂】

(1)仪器

四口瓶(250 mL);球形冷凝器(30 cm);温度计(100 ℃);滴液漏斗(125 mL);搅拌器(桨式);搅拌马达;搅拌封;水浴锅。

(2)试剂

丙烯酸丁酯(45 g);甲基丙烯酸甲酯(工业品,5 g);丙烯酸(工业品,1.5 g);过硫酸铵(化学纯,0.25 g);蒸馏水(50 mL);十二烷基硫酸钠(化学纯,0.5 g);OP-10(工业品,1 g);碳酸氢钠(工业品,1 g);十二烷基硫醇(化学纯,0.07 g)。

【实验步骤】

(1)安装仪器,装置图同图 3-3。

(2)在四口瓶中加入 0.5 g 十二烷基硫酸钠、1 g OP-10、1 g 碳酸氢钠、50 mL 蒸馏水。

(3)在烧杯中配制 0.07 g 十二烷基硫醇、45 g 丙烯酸丁酯、5 g 甲基丙烯酸甲酯、1.5 g 丙烯酸的混合单体。

(4)开动搅拌,用水浴加热至 85 ℃,加入第一批引发剂(将 0.25 g 引发剂溶于 5 mL 蒸馏水中,加入 1 mL,每隔 0.5 小时加一次)。

(5)用滴液漏斗滴加混合单体,温度慢慢升至 88 ℃,在(88±1)℃反应,在 2 小时内将混合单体加完。

(6)缓慢升温至 92 ℃,保温 0.5 小时。

(7)撤掉水浴,自然冷却到 40 ℃,停止搅拌,出料。

(8)测含固量:取 2 g 乳液(精确到 0.001 g)置于烘至恒重的玻璃表面皿上,放于 100 ℃烘箱中烘至恒重计算含固量(约 4 小时)。

$$含固量=\frac{干燥后样品重}{干燥前样品重}\times 100\%$$

【注意事项】

(1)按要求严格控制滴加速度,如果开始阶段滴加过快,乳液中出现块状物,使实验失败。

(2)严格控制搅拌速度,否则将使料液乳化不完全。

【思考题】

(1)本实验操作应注意哪些问题?

(2)丙烯酸酯乳液压敏胶的影响因素有哪些?

(三)丙烯酸酯乳液压敏胶的制备——压敏胶性能测试

【实验目的】

了解乳液压敏胶的性能一般测试方法。

【实验原理】

根据使用方法和领域的不同,乳液压敏胶有不同的性能测试要求。但基本的性能可以大致分为两类:乳液性能和压敏胶力学性能。其中乳液性能是指乳液本身的一些基本性能,如:固含量、pH、稀释稳定性、机械稳定性、黏度、pH 稳定性等。而力学性能是从胶黏剂的使用来评价,包括:初黏性、持黏性、1800 剥离强度等。另外还包括施工性能、着色性能等。

本实验学习乳液压敏胶性能的一些基本的测试方法。

【实验仪器】

广谱 pH 试纸；培养皿；烘箱；NDJ-79 型旋转式黏度计；CZY-G 型初黏性测试仪；钢板及固定架；WSM-20K 型万能材料实验机。

【实验步骤】

(1)pH 测定

以玻璃棒蘸取压敏胶乳液于广谱 pH 试纸上，与标准色卡对比，测定乳液 pH 并记录。

(2)固含量测定

在培养皿（预先称重 m_0）中倒入 2 g 左右的乳液并准确记录（m_1），于 105 ℃烘箱内烘烤 2 小时，称量并计算干燥后的重量（m_2），测其固体百分含量：

$$固含量\% = \frac{干燥后的质量\ m_2}{乳液质量\ m_1} \times 100\%$$

(3)黏度测试

以 NDJ-79 型旋转式黏度计测试乳液黏度。选用×1 号转子，测试温度为 25 ℃。

(4)初黏性测定

所谓初黏性是指物体与压敏胶黏带黏性面之间以微小压力发生短暂接触时，胶黏带对物体的黏附作用。

测试方法采用国家标准 GB 4852—84（斜面滚球法），仪器为 CZY-G 型初黏性测试仪，倾斜角为 300°，测试温度为 25 ℃。

(5)持黏性的测定

所谓持黏性是指沿粘贴在被黏体上的压敏胶黏带长度方向悬挂一规定重量的砝码时，胶黏带抵抗位移的能力。一般用试片在实验板上移动一定距离的时间或者一定时间内移动的距离表示。

测试方法采用国家标准 GB 4851—1998。将 25 mm 宽胶带与不锈钢板相黏 25 mm 长，下挂 500 g 重物，在 25 ℃下，测试胶带脱离钢板的时间。

(6)1800 剥离强度测定

所谓 1800 剥离强度是指用 1800 剥离方法施加应力，使压敏胶黏带对被黏材料黏接处产生特定的破裂速率所需的力。

按国家标准 GB 2793—1981 进行测试，用 WSM-20K 型万能材料实验机测试。

[注 1]压敏胶力学性能的测试需要先将压敏胶乳液制成压敏胶带，压敏胶带的制备可以用专用的涂胶机。如果没有，也可以采用比较粗糙的方法进行简单的力学性能评价：将乳液直接倒在 BOPP（双轴拉伸聚丙烯）薄膜上，用玻璃棒涂匀，并在烘箱内干燥后再进行测试。

实验14 丙烯酸酯类乳胶漆制备的实验设计

【实验目的】

(1)掌握自由基乳液聚合反应机理,达到理论与实际应用相结合。

(2)掌握聚合配方和聚合反应条件,在确定体系组成原理、作用、配方设计及用量等方面得到初步锻炼。

(3)对聚合工艺条件的设置有所了解,进一步掌握聚合单体配比、聚合温度和反应时间等因素的确定方法。

【实验原理】

随着建筑业的发展和住宅业的兴起,乳胶漆广泛地用于室内装修和高楼外墙的装饰。乳胶漆是一种水性涂料,以水作为分散介质,高聚物分子均匀地分散在水中形成稳定的乳液作为成膜物质,加入颜填料和各种功能性助剂,经分散研磨形成一种混合分散体系。其组成中有机溶剂含量低,只有2%～8%,是一种绿色环保型涂料。目前,乳胶漆的品种主要有聚醋酸乙烯乳胶漆、乙苯乳胶漆、苯丙乳胶漆、纯丙烯酸酯乳胶漆、叔碳酸酯乳胶漆等,近年来还出现高弹性和高耐候性的有机硅单体、有机氟单体改性丙烯酸乳胶漆。乳胶漆由乳液、颜填料、助剂和水四部分组成。

(1)乳液

乳胶漆的乳液决定了乳胶漆的附着力、耐水性、耐沾污性、耐老化性、成膜温度、储存稳定性等性能。随着涂料技术的发展进步,现在已经有多种性能不同、用途相异乳液可供选择,如苯丙、酯丙、叔酯、纯丙、硅丙、弹性乳液等。乳液可以自行合成,也可以向有关厂家购买。选择合适的乳液生产乳胶漆是至关重要的。

制造乳胶漆的乳液是由多种单体经乳液聚合合成的,共聚单体的选择将直接决定乳液乃至乳胶漆的性能。合成纯丙乳液时选择甲基丙烯酸甲酯、甲基丙烯酸丁酯、丙烯酸甲酯、丙烯酸丁酯、丙烯酸等单体做原料。在这些单体中,甲基丙烯酸甲酯主要为乳液提供必要的硬度、耐大气性和耐洗刷性,甲基丙烯酸丁酯和丙烯酸丁酯提供树脂的弹性、柔韧性、耐冲击性和涂膜的附着力。

(2)颜填料

生产乳胶漆的颜填料有钛白粉(金红石型和锐钛型)、立德粉、重质碳酸钙、轻质碳酸钙、滑石粉、瓷土、云母粉、白炭黑、重晶石粉、沉淀硫酸钡、硅酸铝粉等。用于外墙乳胶漆的颜填料有金红石型钛白粉、重质碳酸钙、滑石粉、云母粉等,适用于内墙乳胶漆的颜填料有锐钛型钛白粉、立德粉、重质碳酸钙、轻质碳酸钙、滑石粉、瓷土、硅酸铝粉等。各种颜填料的密度是不同的,见表3-1,其性能差别也很大。

表 3-1　　　　各种颜填料的密度

名称	密度/(g·cm⁻³)	名称	密度/(g·cm⁻³)
金红石型钛白粉	4.2	滑石粉	2.8
锐钛型钛白粉	3.9	瓷土	2.6
轻质钙	2.7		

颜填料的吸油量是乳胶漆的一个重要指标，在同样的稠度下，吸油量大的颜填料比吸油量小的颜填料要耗费较多的漆料，不同颜填料的颜色、遮盖力、着色力、粒度、晶型结构、表面电荷，极性等物理性能均不相同，也决定了其化学性能(耐化学品性、耐候性、耐光性、耐热性)的不同，因此合理选择颜填料的数量品种在乳胶漆的生产中也很重要。

(3)助剂

乳胶漆中使用的助剂有润湿剂、分散剂、增稠剂、消泡剂、成膜助剂、pH 调节剂、防腐剂、防霉剂等。其中分散剂和增稠剂的使用尤为重要，早期的乳胶漆或者低成本涂料中用的分散剂多采用多聚磷酸盐类，如六偏磷酸钠和三聚磷酸钠，在高 PVC 低成本的乳胶漆中，选用聚丙烯酸盐和阴离子、非离子多官能团嵌段共聚物为分散剂。

增稠剂主要品种为纤维素衍生物类(HEC)、聚丙烯酸酯乳液增稠剂(碱膨胀增稠剂)和缔合型增稠剂三大类，可分别使用，也可以搭配使用。颜填料体积浓度高时乳胶漆使用 HEC 和聚丙烯酸盐类为主，中低颜填料体积浓度的外墙乳胶漆中使用缔合型增稠剂为主。

乳胶漆的触变指数是所用增稠剂效果的最好检测指标。流平性好的乳胶漆，其TI$<$4；流平性要求不高的乳胶漆，其 TI 可略高。实践证明，HEC 增稠的乳胶漆增稠效率高，用量少，但流平性差，刷痕不容易除去。聚丙烯酸酯乳液使用便利，但是容易受到 pH 影响。缔合型增稠剂性能优良，但价格比较贵。

特殊品种助剂具有显著作用：硅助剂可以明显改变乳胶漆的附着力，蜡助剂可以使乳胶漆呈现荷叶效果，氟碳助剂则极大地改变了乳胶漆的附着力、防水性能和耐沾污性。

(4)水

乳胶漆所用水为去离子水，可由专用的脱离子水器生产，乳胶漆用水标准可以参照蒸气锅炉用软水指标：总硬度$<$0.3 毫克/升；而将自来水用于乳胶漆生产是不合适的，短时期内尚无明显变化，长期储存则极容易沉淀，并容易造成破乳。

【实验试剂】

甲基丙烯酸甲酯；甲基丙烯酸丁酯；丙烯酸丁酯；丙烯酸甲酯；丙烯酸；去离子水；过硫酸铵；十二烷基磺酸钠；吐温-60；消泡剂。

【实验设计】

(1)纯丙乳液的合成

目标产物：乳白色的纯丙乳液

提示：

①聚合机理及聚合方法：自由基聚合，乳液聚合。

②反应装置：常规乳液聚合装置。

要求：

①根据所需的目标产物，确定聚合配方、聚合机理及具体聚合方法。

②确定聚合装置及主要仪器,画出聚合装置简图。

③研究乳液聚合的动力学过程,确定影响乳液性能的因素,如:软、硬单体用量比例,乳化剂选择,引发剂用量等。

(2)纯丙乳胶漆的制备

目标产物:乳白色的纯丙乳胶漆的制备

提示:

①制备方法:高速分散,砂磨混合。

②反应装置:高速分散机,砂磨机。

要求:

①根据所需的目标产物,确定具体操作工艺。

②确定制备装置及主要仪器。

③制定工艺流程,画出工艺流程框图。

④确定制备工艺条件,给出简要解释。

⑤研究影响乳胶漆性能的因素,如:乳液稳定性、成膜助剂和其他助剂的影响。

实验15　脲醛树脂黏合剂的制备及刨花板的成型与性能

(一)脲醛树脂的制备

【实验目的】

加深理解缩聚合的反应机理，了解脲醛树脂合成方法。

【实验原理】

脲醛树脂是由尿素和甲醛经缩聚合反应制得的热固性树脂。

(1)加成反应(生成多种羟甲基脲的混合物)

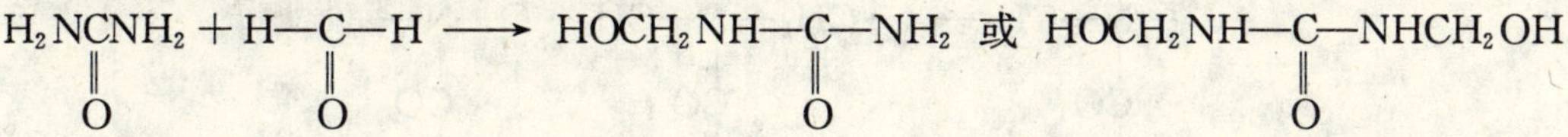

一羟甲基脲　　二羟甲基脲

(2)缩合反应

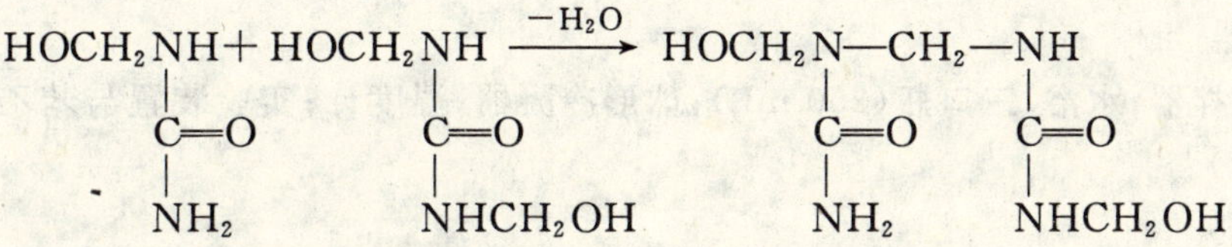

也可以在羟甲基与羟甲基间脱水缩合：

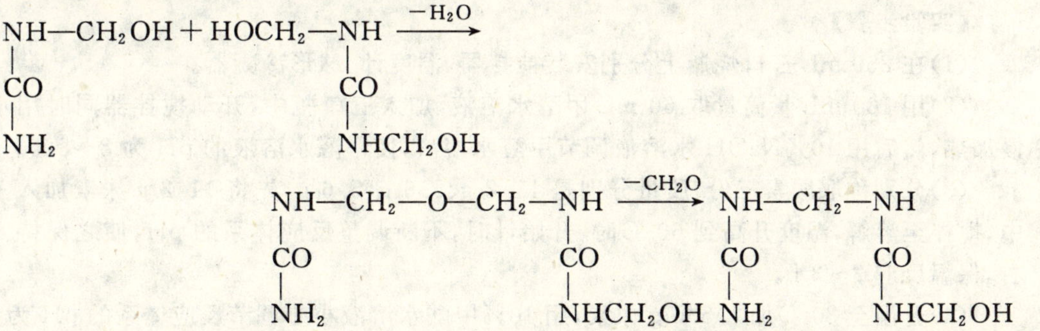

此外，还有甲醛与亚氨基间的缩合均可生成低相对分子质量的线型和低交联度的脲醛树脂：

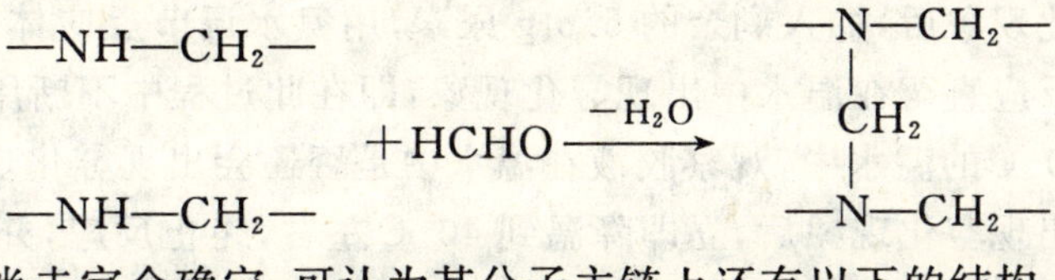

脲醛树脂的结构尚未完全确定，可认为其分子主链上还有以下的结构：

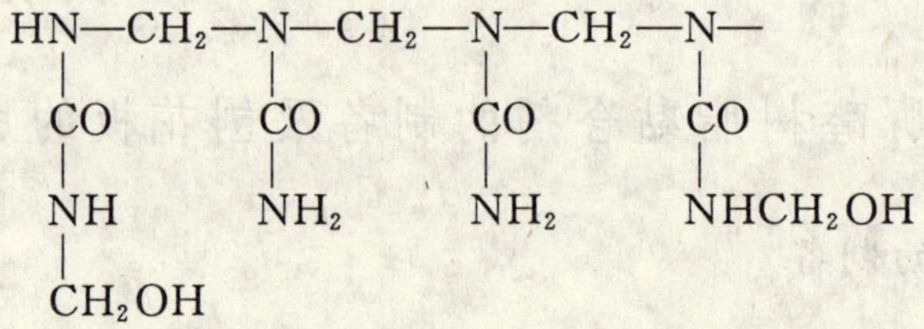

上述中间产物中含有易溶于水的羟甲基，可做胶黏剂使用，当进一步加热，或者在固化剂作用下，羟甲基与氨基进一步缩合交联成复杂的网状体型结构。

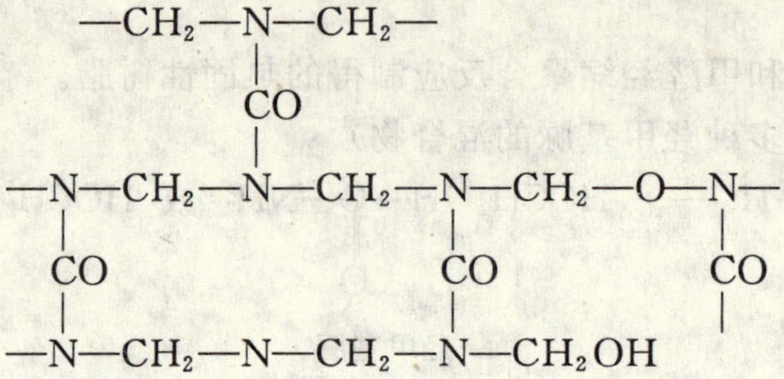

【仪器与试剂】

(1)仪器

电动搅拌器；水浴；三口瓶(250 mL)；球形冷凝器；温度计；实验装置与苯乙烯悬浮聚合相同(图 4-2)。

(2)试剂

甲醛；尿素；10%氢氧化钠水溶液；氨水；10%甲酸水溶液。

【实验步骤】

(1)在 250 mL 三口烧瓶上分别安装搅拌器、温度计、球形冷凝器。

(2)用 100 mL 量筒量取 60 mL 甲醛水溶液，加入三口瓶中，开动搅拌器同时用水浴缓慢加热，然后用 10%NaOH 水溶液调节甲醛水溶液，使甲醛水溶液的 pH 为 8～8.5。

(3)分别称取尿素三份，质量分别是 11.2 g、5.6 g、5.6 g，先将 11.2 g 尿素加入三口瓶中，搅拌至溶解，温度升高到 60 ℃时，开始计时，不断调整反应体系的 pH，使之保持 8.5 左右，保温反应 2～3 h。

(4)升温至 80 ℃加入 5.6 g 尿素，用 10%甲酸水溶液小心调节反应体系的 pH 为 5.4～6.0，继续反应 1～1.5 h，在此过程中不断地用胶头滴管吸取少量脲醛胶液滴入冷水中，观察胶液在冷水中是否出现雾化现象。

(5)出现雾化现象后，加入剩余的 5.6 g 尿素，用氨水调节反应体系的 pH 为7.0～7.5，在 80 ℃下继续反应直至在温水中出现雾化现象，即在此过程中不断用胶头滴管吸取少量脲醛胶液滴入约 40 ℃的温水中，观察胶液在温水中是否还会出现雾化现象。

(6)温水中出现雾化现象后，立即降温到 40 ℃左右，终止反应，并用氨水调节脲醛胶的 pH=7，再用 10% NaOH 调节 pH 为 8.5～9，正常情况下得到澄清透明的脲醛胶。

【注意事项】

(1)用甲酸溶液调节反应体系 pH 时要十分小心，切忌酸度过大。因为缩合反应速度在 pH=3～5 时几乎正比于[H^+]。

(2)缩聚反应中防止温度骤然变化，否则易造成胶液浑浊。

(3)在此期间如发现黏度骤增,出现冻胶,应立即采取措施补救。出现这种情况的原因有:酸性太强(pH<4.0),升温太快(或温度超过 100 ℃)。补救的方法是:使反应液降温;加入适量的甲醛溶液稀释树脂,从内部反应降温,加入适量的氢氧化钠水溶液,把 pH 调到 7.0,酌情确定出料或继续加热反应。

(4)检查脲醛树脂是否生成的常用方式:

①用玻璃棒蘸点树脂,最后两滴迟迟不落,末尾略带丝状,并回缩到棒上,则表示已经成胶。

②用吸管吸取少量树脂,滴入盛有清水的小烧杯中,如逐渐扩散成云雾状,并徐徐下沉,至底部并不生成沉淀,且水不浑浊则表示已经成胶。

③用手指蘸取少量树脂,两指不断相俟相离,在室温时,可以拉丝,则表示已成胶。

【思考题】

(1)在脲醛树脂合成时,加尿素前为何要用氢氧化钠水溶液和氨水将 pH 调至 7～7.5?到终点后,为何要用氢氧化钠水溶液将 pH 调至 7～8?

(2)在脲醛树脂合成时,影响产品的主要因素有哪些?

(3)在脲醛树脂合成中,尿素和甲醛两种原料哪种对 pH 影响大?为什么?

(4)如果脲醛胶在三口瓶内发生了固化,试分析可能有哪些原因造成?

(二)胶合板的成型

【实验原料】

杨木单板,厚度为 2 mm,面幅为 30 mm×30 mm,含水率为 8%～12%,压制 2 层胶合板。

【胶黏剂的调配】

为了提高脲醛树脂胶黏剂的初黏度,提高预压要求,防止热压时透胶,节约原料和降低成本,在调胶过程中需要加入填料,有时加入改性剂以提高脲醛树脂胶的某种性能,本实验中加入面粉作为活性填料。

调胶配比:100 份混合胶液(以重量计):20 份面粉:5 份水。

固化剂加入量:100 份混合胶液(以重量计)加入固化剂 2～5 份。

涂胶量:280～320 g/m^2。

【实验工艺参数】

闭口陈化 15 分钟,预压 15 分钟,预压压力 0.8 MPa。

热压时间 4 分钟,热压温度 120 ℃,热压压力 1.0 MPa。

3.3 其他实验

实验 16　微型化聚合实验——有机玻璃棒的制备

【实验目的】

了解本体聚合的特点，掌握本体聚合的实施方法，并观察整个聚合过程中体系黏度的变化过程。

【实验原理】

本实验是以甲基丙烯酸甲酯(MMA)进行本体聚合，生产有机玻璃棒。聚甲基丙烯酸甲酯(PMMA)由于有庞大的侧基存在，为无定形固体，具有高度透明性、比重小、有一定的耐冲击强度与良好的低温性能等特点，是航空工业与光学仪器制造工业的重要原料。以MMA进行本体聚合时为了解决散热，避免自动加速作用而引起的爆聚现象，以及单体转化为聚合物时由于比重不同而引起的体积收缩问题，工业上采用高温预聚合，预聚至约10%转化率的黏稠浆液，然后分段升温聚合，再在低温下缓慢聚合使转化率达到93%～95%，最后在100 ℃下高温聚合至反应完全。

【仪器与试剂】

(1)仪器

试管；水浴；温度计；玻璃棒。

(2)试剂

MMA；偶氮二异丁腈(AIBN)。

【实验步骤】

(1)预聚合反应

在试管中先加入 5 mg AIBN，再加入 13 mL MMA，搅拌使 AIBN 溶解在单体中，加热水浴，使物料在 85 ℃维持一定时间(30 分钟左右)，观察黏度，当物料呈蜜糖状时，用冷水浴骤然降温至 40 ℃以下终止反应并停止搅拌。

(2)低温聚合反应

将上述试管放入烘箱中，升温至 52 ℃，保温 7 小时(此时用铁针刺探有机玻璃，应有弹性出现)，低温聚合结束。

(3)高温聚合反应

将试管在烘箱中继续缓慢升温到 100 ℃，保温 1 小时后，烘箱停止加热，任其自然冷却到 40 ℃以下，打破试管脱掉玻璃片即得光滑无色透明的有机玻璃棒。

【注意事项】

(1)灌料时预聚物中如有气泡应设法排出。

(2)高温聚合反应结束后，应自然降温至 40 ℃以下，再取出试管，以避免骤然降温造成试管的破裂。

实验 17　聚合物产品的中试生产——醋酸乙烯白乳胶的制备

【实验目的】

同醋酸乙烯乳液聚合。

【实验原理】

同醋酸乙烯乳液聚合。

【仪器与试剂】

(1)仪器

如图 3-9 所示。

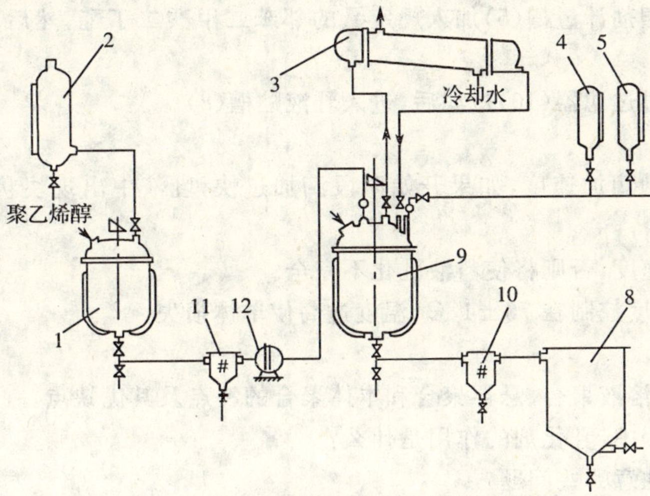

图 3-9　醋酸乙烯白乳胶制备工艺图

1—300 L 电加热溶解釜；2—软水计量槽；3—0.3 m^2 回流冷凝器；4—单体计量槽；5—增塑剂计量槽；6—pH 缓冲剂计量槽；7—引发剂计量槽；8—300 L 乳液贮槽；9—300 L 电加热聚合釜；10,11—过滤器；12—隔膜泵

(2)试剂

醋酸乙烯酯(工业品,60 kg)；聚乙烯醇(醇解度 88%,10 kg)；过硫酸铵(工业品,0.2 kg)；化学软水(130 kg)；OP-10(工业品,0.6 kg)；邻苯二甲酸二丁酯(工业品,6 kg)；碳酸氢钠(工业品,0.5 kg)。

【实验步骤】

(1)把 130 kg 软水经软水计量槽(2)计量后放入聚乙烯醇溶解釜(1)中。

(2)把 10 kg 聚乙烯醇(1788)由入孔投入聚乙烯醇溶解釜(1)中。

(3)把聚乙烯醇溶解釜通电加热,升温至 90 ℃,搅拌 1～2 h,配制成聚乙烯醇溶液。

(4)把醋酸乙烯酯 60 kg 投入单体计量槽(4)内。把邻苯二甲酸二丁酯 6 kg 投入增塑剂计量槽(5)内。并把预先配制的 10%过硫酸铵 2 kg 和 10%碳酸氢钠溶液 5 kg 分别投入引发剂计量槽(7)和 pH 缓冲剂计量槽(6)内。

(5)把聚乙烯醇溶液由聚乙烯醇溶解釜(1)通过过滤器(11)用隔膜泵(12)输送到聚合釜

(9)中，并由人孔加入 0.6 kg OP-10，开动搅拌使其溶解。

(6)向聚合釜(9)中由单体计量槽(4)加入 6 kg 单体醋酸乙烯酯，并通过引发剂计量槽(7)加入占总量 20%的过硫酸铵溶液，在搅拌下乳化 30 分钟。

(7)把聚合釜(9)通电加热，将釜中物料升温至 60～65 ℃，此时聚合反应开始，因为是放热反应，故釜内温度自行升高，可达 80～83 ℃，在这期间，釜顶回流冷凝器(3)中将有回流出现。

(8)待回流减少时，开始向釜(9)中通过单体计量槽(4)滴加醋酸乙烯酯，并通过引发剂计量槽(7)滴加过硫酸铵溶液。通过滴加速度控制聚合反应温度在 78～80 ℃，大约 4 小时滴完。单体加完后，加入全部余下的过硫酸铵溶液。

(9)加完全部物料后，升温至 85～90 ℃，并在该温度下保温 30 分钟。

(10)向聚合釜(9)夹套内通冷水冷却至 50 ℃，通过 pH 缓冲剂计量槽(6)加入规定的碳酸氢钠溶液，并通过增塑剂计量槽(5)加入规定量的邻苯二甲酸二丁酯，然后充分搅拌使其混合均匀。

(11)最后出料，通过过滤器(10)过滤后，进入乳液贮槽(8)。

【注意事项】

(1)按要求严格控制滴加速度，如果开始阶段滴加过快，乳液中出现块状物，使实验失败。

(2)严格控制搅拌速度，否则将使料液乳化不完全。

(3)滴加单体时，温度控制在 70±1 ℃，温度过高使单体损失。

【思考题】

(1)比较乳液聚合、溶液聚合、悬浮聚合和本体聚合的特点及其优缺点。

(2)在乳液聚合过程中，乳化剂的作用是什么？

(3)本实验操作应注意哪些问题？

附 录

附录 1 常见聚合物的英文名称及缩写

聚合物名称	聚合物英文名称	英文缩写
聚烯烃	polyolefins	PO
聚乙烯(低密度)	low density polyethylene	LDPE
氯化聚乙烯	chlorinated polyethylene	CPE
聚丙烯	polypropylene	PP
聚异丁烯	polyisobutylene	PIB
聚苯乙烯	polystyrene	PS
高抗冲聚苯乙烯	high impact polystyrene	HIPS
聚氯乙烯	polyvinylchloride	PVC
氯化聚氯乙烯	chlorinated polyvinylchloride	CPVC
聚四氟乙烯	polytetrafluoroethene	PTFE
聚三氟氯乙烯	polytrifluoro-chloro-ethylene	PCTFE
聚偏二氯乙烯	polyvinylidenechloride	PVDC
聚乙酸乙烯酯	polyvinylacetate	PVAc
聚乙烯醇	polyvinylalcohol	PVA
聚乙烯醇缩甲醛	polyvinylformal	PVFM
聚丙烯腈	polyacrylnitrile	PAN
聚丙烯酸	polyacrylicacid	PAA
聚丙烯酸甲酯	polymethylacrylate	PMA
聚丙烯酸乙酯	polyethylacrylate	PEA
聚丙烯酸丁酯	polybutylacrylate	PBA
聚丙烯酸-羟乙酯	polyhydroxyethylacrylate	PHEA
聚丙烯酸缩水甘油酯	polyglycidylacrylate	PGA
聚甲基丙烯酸	polymethacrylecacid	PMAA
聚甲基丙烯酸甲酯	polymethylmethacrylate	PMMA
聚甲基丙烯酸乙酯	polyethylmethacrylate	PEMA
聚甲基丙烯酸正丁酯	polyn-butulmethacrylate	PnBMA
聚丙烯酰胺	polyacrylamide	PAAM
聚 N-异丙基丙烯酰胺	polyn-iopropulacrylamide	PNIPAM
聚乙烯基吡咯烷酮	polyvinylpurrolidone	PVP

（续表）

聚合物名称	聚合物英文名称	英文缩写
天然橡胶	natural rubber	NR
丁二烯橡胶	butadiene rubber	BR
异戊橡胶	isoprene rubber	IR
聚异戊二烯(顺式)	cis-polyisoprene	CPI
聚异戊二烯(反式)	trans-polyisoprene	TPI
丁腈橡胶	nitril-butadiene rubber	NBR(ABR)
丁苯橡胶	styrene-butadiene rubber	SBR(PBS)
氯丁橡胶	chloroprene rubber	CR
乙丙橡胶	ethylene-propylene copolymer	EPR
ABS 树脂	acrylonitri-butadiene-styrene copolymer	ABS
涤纶纤维	polyethyleneterephthalate	PET
聚碳酸酯	polycarbonate	PC
不饱和树脂	unsaturated polyesters	UP
聚酰胺	polyamide	PA
聚氨酯	polyurathane	AU(PUR)
环氧树脂	epoxy resin	EP
脲醛树脂	purea-formaldehyde resins	UF
三聚氰胺-甲醛树脂	melamine-formaldejyde resins	MF
酚醛树脂	phenol-fomaldehyde resins	PF
聚硅氧烷	silicones	SI
聚苯醚	polyphenyleneoxide	PPO
聚苯硫醚	polyphenylenesulfide	PPS
聚芳砜	polyarylsulfone	PASU
聚酰亚胺	polyimide	PIB
聚苯并咪唑	polybenzimidazole	PBI
聚氧化乙烯	polyethyleneoside	PEO
聚氧化丙烯	polypropyleneoxide	PPO
乙酸纤维素	cellulose acetate	CA
硝酸纤维素	cellulose nitrate	CN
羧甲基纤维素	carboxymethyl cellulose	CMC
甲基纤维素	methyl cellulose	MC

附录 2　常见试剂的英文名称及相关物理性质

试剂	英文名称	相对分子质量	介电常数	沸点/℃	密度	折射率
乙酸	acetic acid	60.05	6.15	117.9	1.048	1.371 6
乙腈	acetonitrile	41.05	36	81.6	0.786	1.344 2
丙酮	acetone	58.08	21.45	56.2	0.791	1.358 8
苯	benzene	78.11	2.284	80.1	0.879	1.501 1
苯甲醇	benzyl alcohol	108.14	13.5	205.4	1.045	1.540 4
正丁醇	n-butyl alcohol	74.12	17.4	117.9	0.81	1.399 2
丁酸	butyric acid	88.12	2.97	168.5	0.958	1.398
正丁胺	n-butylamine	73.14	5.3	77.8	0.741	1.403 1
二硫化碳	barbon disulfide	76.14	2.65	46.3	1.263	1.628

（续表）

试剂	英文名称	相对分子质量	介电常数	沸点/℃	密度	折射率
四氯化碳	carbon terachloride	153.82	2.205	76.8	1.549	1.460 1
氯乙酸	chloroacetic acid	94.5	20	187.8	1.403	1.435 1
氯苯	chlorobenzene	112.56	5.59	131.68	1.106	1.524 1
氯仿	chloroform	119.38	4.785	61.2	1.489	1.445 8
乙醚	diethyl ether	74.12	4.24	34.5	0.714	1.352 7
N,N-二甲基甲酰胺	N,N-dimethylformamide	73.1	37.6	153	0.949	1.429 2
二氯乙烷	dichloroethane	99	10.45	83.5	1.253	1.444 7
环已烷	cyclohexane	84	101	81	0.779	1.426
1,4-丁二醇	1,4-butanediol	90.12	31.1	228	1.017	1.444 5
1,4-二氧六环	1,4-dioxane	88.11	3.25	101.3	1.034	1.422 4
丙醚	di-n-propyl ether	102.18	3.4	90.1	0.749	1.380 9
乙醇	ethanol	46.07	25	78.3	0.789	1.361 6
乙醇胺	ethanolamine	61.08	37.7	171.1	1.016	1.453 9
乙酸乙酯	ethyl acetate	88.011	6.4	76.8	0.901	1.372 4
乙二胺	ethylene diamine	60.11	12.9	116.5	1.9	1.456 8
乙二醇	ethyleneglycol	62.07	38.66	197.9	1.114	1.431 8
甲酸	methanoic acid	46.03	58.1	100.7	1.22	1.371 4
甲酰胺	methane amide	45.04	111.5	210	1.133	1.447 5
甘油	glycerol	92.1	41.14	290	1.261	1.474
正已烷	n-hexane	86.18	1.89	68.74	0.659	1.374 9
正已醇	n-hexyl alcohol	102.18	13.75	157.5	0.82	1.417 4
异戊醇	isoamyl alcohol	88.15	14.7	132	0.809	1.496 7
甲醇	methyl alcohol	32.04	32.35	64.5	0.791	1.328 6
甲乙酮	methyl ethyl ketone	72.11	18.51	79.6	0.805	1.378 5
二甲亚砜	dimethyl sulfoxide	78.13	46.7	189	1.104	1.478 3
硝基苯	nitrobenzene	123.11	35.96	210.9	1.203	1.552 4
硝基甲烷	nitromethane	61.04	38.2	100	1.13	1.381 9
吡啶	pyridine	79.1	13.3	115.58	0.983 2	1.509 4
四氢呋喃	tetrahydrofuran	72.11	7.35	66	0.881 8	1.407
甲苯	methylbenzene	92.14	2.335	110.62	0.866 9	1.496 9
三氯乙酸	trichloroacetic acid	163.39	4.5	197.55	1.62	1.460 3 (61℃)
三乙醇胺	triethanolamine	149.19	—	360	1.124 2	—
三氟乙酸	trifluoroacetic acid	114.02	8.22(17℃)	72.4	1.535 1	—
水		18.04	80.37	100	0.997	1.332 5

附录3　常用引发剂的相关数据

引发剂	反应温度/℃	溶剂	分解速率常数 K_d/s^{-1}	半率期 $t_{1/2}/h$	分解活化能 $kJ \cdot mol^{-1}$	存储温度/℃	一般使用温度/℃
过氧化苯甲酰	49.4	苯乙烯	5.28×10^{-7}	364.5	124.3	25	60～100
	61.0		2.58×10^{-7}	74.6			
	74.8		1.83×10^{-6}	10.5			
	100.0		4.58×10^{-6}	0.42			
	60.0	苯	2.0×10^{-6}	96.0			
	80.0		2.5×10^{-6}	7.7			
	85.0		8.9×10^{-6}	2.2			
过氧化二(2-甲基苯甲酰)	50	苯乙酮	6.0×10^{-6}	3.2	113.8	5	
	70		9.02×10^{-6}	2.1			
	80		2.15×10^{-6}	0.09			
过氧化二(2,4二氯苯甲酰)	34.8	苯乙烯	3.88×10^{-5}	49.6	17.6	20	30～80
	61.0		7.78×10^{-5}	2.5			
	74.0		2.78×10^{-4}	0.69			
	100		4.17×10^{-3}	0.046			
过氧化二月桂酸	50	苯	2.19×10^{-6}	88	127.2	25	60～120
	60		9.17×10^{-6}	21			
	70		2.86×10^{-5}	6.7			
过氧化二碳酸二环乙酯	50	苯	5.4×10^{-5}	3.6		5	
过氧化二碳酸二异丙酯	40	苯	6.39×10^{-6}	30.1	117.6	−10	
	54		5.0×10^{-6}	3.85			
过氧化特戊酸叔丁酯	50	苯	9.77×10^{-6}	19.7	119.7	0	
	70		1.24×10^{-4}	1.6			
	85		7.64×10^{-4}	0.25			
过氧化苯甲酸叔丁酯	100		1.07×10^{-5}	18	145.2	20	
	115		6.22×10^{-5}	3.1			
	130		3.5×10^{-4}	0.6			
叔丁基过氧化氢	154.5		4.29×10^{-6}	44.8	170.7	25	常与还原剂一起使用,20～60
	172.3		1.09×10^{-6}	17.7			
	182.6		3.1×10^{-5}	6.2			
异丙苯过氧化氢	125		9.0×10^{-6}	21	101.3	25	
	139		3.0×10^{-6}	64			
	182		6.5×10^{-5}	3.0			
过氧化二异丙苯	115		1.56×10^{-6}	12.3	170.3	25	120～150
	130		1.05×10^{-5}	1.8			
	145		6.86×10^{-4}	0.3			

（续表）

引发剂	反应温度/℃	溶剂	分解速率常数 K_d/s^{-1}	半率期 $t_{1/2}/h$	分解活化能 kJ·mol^{-1}	存储温度/℃	一般使用温度/℃
偶氮二异丁腈	40	甲苯	4.0×10^{-5}	4.8	121.3	10	50～90
	80		1.55×10^{-4}	1.2			
	90		4.86×10^{-4}	0.4			
	100		1.60×10^{-3}	0.1			
偶氮二异庚腈	69.8	苯	1.98×10^{-4}	0.97	121.3	0	20～80
	80.2		7.1×10^{-4}	0.27			
过硫酸钾	50	0.1 M KOH	9.1×10^{-7}	212	140	25	与还原剂一起使用，50
	60		3.16×10^{-6}	61			
	70		2.33×10^{-6}	8.3			

附录4 常用加热液体介质

介质	沸点/℃	介质	沸点/℃	介质	沸点/℃
水	100	乙二醇	197	二缩三乙二醇	282
甲苯	111	间甲酚	202	邻苯二甲酸二甲酯	283
正丁醇	117	四氢化萘	206	邻苯基联苯	285
氯苯	133	萘	218	二苯酮	305
间二甲苯	139	正萘醇	231	对羟基邻苯	308
环己酮	156	甲基萘	242	六氯苯	310
乙基苯基醚	166	一缩二乙二醇	245	邻联三苯	330
对异丙基甲苯	176	联苯	255	蒽	340
邻二氯苯	179	二苯甲基烷	265	蒽醌	380
苯酚	181	甲基萘基醚	275	邻苯二甲酸二辛酯	370
十氧化苯	190	苊烯	277	真空泵油	

附录5 常用冷却剂的配方

配方	冷却温度/℃
冰-水化合物	0
冰(100 份)-氯化铵(25 份)	－15
冰(100 份)-硝酸钠(50 份)	－18
冰(100 份)-氯化钠(33 份)	－21
冰(100 份)-氯化钠(40 份)-氯化铵(20 份)	－25
冰(100 份)-六水氯化钙(100 份)	－29

（续表）

配方	冷却温度/℃
冰(100份)-碳酸钾(100份)	−46
冰(100份)-六水氯化钙(143份)	−55
干冰-乙醇	−70
干冰-丙酮	−76
液氮-丙酮	−76

附录6　常用干燥剂

干燥剂	酸碱性质	特点和使用注意事项
$CaCl_2$	中	脱水量大、作用快、易分离；不可用于干燥醇、胺、酚、酸和酯
Na_2SO_4	中	脱水量大、作用慢、易分离、价格低、效率低
$MgSO_4$	中	作用快，效率高；为一般良好的干燥剂
$CaSO_4$	中	脱水量少、作用快、效率高、易分离
$CuSO_4$	中	效率高、价格较贵
K_2CO_3	碱性	脱水量和效率一般，适用于酯和腈类，不能用于酸性化合物
H_2SO_4	酸性	脱水效率高，适用于烷基卤化物和脂肪烃，不能用于碱性化合物
P_2O_5	酸性	脱水效率高
CaH_2	碱性	作用慢，效率高，适用于碱性、中性和弱酸性化合物
Na	碱性	作用慢，效率高，不能用于卤代烃、醇、胺等敏感物的干燥
CaO，BaO	碱性	作用慢，效率高，适用于醇、胺
KOH，NaOH	碱性	快速有效，限于胺类
3A，4A分子筛	中性	快速有效，需要加热活化

附录7　自由基共聚的竞聚率

单体1	单体2	r_1	r_2	r_1r_2	t/℃
苯乙烯	乙基乙烯基醚	80±40	0	0	80
	异戊二烯	1.38±0.54	2.05±0.45	2.83	50
	乙酸乙烯酯	55±10	0.01±0.01	0.55	60
	氯乙烯	17±3	0.02	0.34	60
	偏二氯乙烯	1.85±0.55	0.085±0.01	0.175	60
丁二烯	丙烯腈	0.3	0.02	0.006	40
	苯乙烯	1.35±0.12	0.85±0.15	0.78	50
	氯乙烯	8.8	0.035	0.31	50

（续表）

单体 1	单体 2	r_1	r_2	r_1r_2	t/℃
丙烯腈	丙烯酸	0.35	1.15	0.40	50
	苯乙烯	0.04±0.04	0.40±0.05	0.016	60
	异丁烯	0.02±0.02	1.8±0.2	0.036	50
甲基丙烯酸甲酯	苯乙烯	0.46±0.026	0.52±0.026	0.24	80
	丙烯腈	1.224±0.10	0.150±0.08	0.184	80
	氯乙烯	10	0.10	1.0	68
氯乙烯	偏二氯乙烯	0.3	3.2	0.96	60
	乙酸乙烯酯	1.68±0.08	0.23±0.02	0.39	60
四氟乙烯	三氟氯乙烯	1.0	1.0	1.0	60
顺丁烯二酸酐	苯乙烯	0.015	0.040	0.006	50

附录 8　聚合物的特性黏数-相对分子质量关系式 $([\eta]=)KM^{\alpha}$ 的常数

聚合物	溶剂	温度/℃	K/(×10³)		是否分级	相对分子质量范围/(×10³)
聚乙烯(低压)	十氢萘	135	67.7	0.67	—	3～100
聚乙烯(高压)	十氢萘	70	38.7	0.738	分	0.26～3.5
		135	46	0.73	分	2.5～64
聚丙烯(无规立构)	十氢萘	135	15.8	0.77	分	2.4～40
聚丙烯(等规立构)	十氢萘	135	11.0	0.80	分	2～62
聚丙烯(间规立构)	十氢萘	135	10.0	0.80	分	10～100
聚氯乙烯	环已酮	52	204	0.56	分	9～45
	四氢呋喃	25	49.8	0.69	分	1.9～15
		30	63.8	0.65	分	3～32
聚苯乙烯	苯	25	9.18	0.743	分	3～70
		25	11.3	0.73	分	7～180
	氯仿	25	11.2	0.73	分	7～150
		30	4.9	0.794	分	19～273
	甲苯	25	13.4	0.71	分	7～150
		30	9.2	0.72	分	4～146
聚苯乙烯(阴离子聚合)	苯	30	11.5	0.73	分	25～300
聚苯乙烯(阳离子聚合)	甲苯	30	8.81	0.75	分	25～300
聚苯乙烯(等规立构)	甲苯	30	11.0	0.725	分	3～37
聚甲基丙烯酸甲酯	氯仿	25	4.8	0.80	分	8～140

参考文献

1.潘祖仁.高分子化学.4版.北京:化学工业出版社,2007
2.张兴英,程钰,赵京波.高分子化学.北京:中国轻工业出版社,2000
3.何曼君,陈维孝,董西侠.高分子物理(修订版).上海:复旦大学出版社,1988
4.赵德仁,张慰盛.高聚物合成工艺学.2版.北京:化学工业出版社,1997
5.金关泰.高分子化学的理论和应用进展.北京:中国石化出版社,1995
7.杜奕.高分子化学实验与技术.北京:清华大学出版社,2008
8.邱建辉.高分子合成化学实验.北京:国防工业出版社,2008
9.吴承佩,周彩华,栗方星.高分子化学实验.安徽:安徽科学技术出版社,1987
10.刘承美,邱进俊.现代高分子化学实验与技术.武汉:华中科技大学出版社,2008
11.张兴英,李齐方.高分子科学实验.2版.北京:化学工业出版社,2007
12.王建新,娄春华,王雅珍.高分子科学实验教程.哈尔滨:哈尔滨工业大学版社,2009
13.李青山,王雅珍,周宁怀.微型高分子化学实验.北京:化学工业出版社,2007
14.梁晖,卢江.高分子化学实验.北京:化学工业出版社,2004